建筑规划·设计译丛

医疗设施

- **编辑委员长**
  谷口汎邦
- **编辑主任**
  藤江澄夫
  谷口汎邦
- **编辑副主任**
  小松正树
- **执笔委员**
  木村敏夫
  高吉邦治
  山谷雅史
  伊藤宗树
  国分　悟
  清水昌司
- **翻译**
  任子明
  庞云霞

中国建筑工业出版社

建筑规划·设计译丛

- 集合住宅小区
- 多层集合住宅
- 高层·超高层集合住宅
- 住宅 I
- 住宅 II
- 办公楼
- 超高层办公楼
- 宾馆·旅馆
- 商业设施
- 建筑外部空间
- 城市再开发
- 医疗设施

今村医院

都市型中等规模民营医院的标准例子

入口侧外观

门诊候诊大厅

单床病房

一层门厅

门诊饮食店

病区饮食店

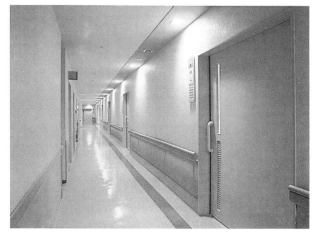

病区走廊

佐藤医院

重视舒适性的妇产科医院

西南面外观

六层食堂

门诊候诊大厅

4床病房

门诊饮食店

游戏室

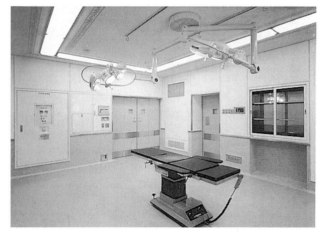
手术室

序　言

1 规划、设计的方法

建筑具有复杂的功能，表现出多种不同的形态。进行建筑规划与设计的创作过程，一般是按照如下程序进行的。

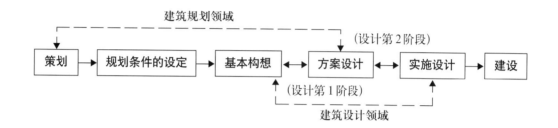

在这一设计程序之中，策划是要将包括建筑的主要使用功能在内的，建筑最基本的作用和目的，作为规划设计的目标明确下来。过去，这一阶段的内容主要是由建设方提出的，但最近在前期策划阶段，由设计人员参与以追求某种理想的情况逐渐多了起来。建筑的功能确定以后，在进行设计之前还要对各种规划设计条件进行梳理和检讨，其中既包括与建筑相关的社会经济背景、用地条件，也包括从使用者角度出发的社会需求和物理、心理需求。此外，还应该包括建筑技术条件等等。

这些条件并没有明确的主次之分，在不同的场合，各种条件相互矛盾的情况也不少。将这些条件作为设计目标，"如何进行选择，分析、评价这些应该优先考虑的条件"的过程就是规划设计条件的确认。此后，将这些条件综合在一起，形成具体的建筑形态，则是建筑设计的第一步基本构想和方案设计(将用地利用规划、外部环境规划、各层平面设计、剖面设计、立面设计等图纸化)。当然，方案设计是与基本构想连在一起的。作为建筑设计的第1阶段，方案设计与基本构想之间存在相互调整补充，而建筑设计的第2阶段则是与实施设计相联动的。

建筑规划与建筑设计具有这种交错重叠进行的特征。对于已建成的建筑的评价，即便说是依赖于这种基本规划与方案设计所具有的高度计划性和高设计密度也并不过分。

2 丛书编著的目的

这套《建筑规划·设计丛书》的编辑有两个意图。其一是展现建筑规划的推进方法，使以各种建筑物为对象的建筑规划基础知识的学习变得容易理解。在本丛书中，作为建筑设计前提的各种规划条件下，将最基本的主要内容加以一一列举，并希望将其内容提升到建筑规划学的高度来加以重视。

其二是为了学习设计的第1阶段建筑规划而策划的。以建筑学专业的初学者，以及想要学习设计制图的人为对象，为了能够给他们提供以建筑规划的基础知识作为根据的基本构想上的训练，尝试着提供多种多样的信息。大学和建筑专科学校出了设计题目之后，从收集资料到整理、设计成图的学习过程，就是这里所指的方案设计(基本构想)阶段。因此，本丛书将有助于建筑设计基础知识的学习和设计思维方法的训练，并可充分地加以灵活运用。

3 内容和目标

本丛书的内容主要是为了希望取得注册建筑师资格的人的需要，对于建筑规划和建筑设计制图具有很大的帮助。我认为在知识获得上下功夫就能得到正确的判断(智慧)，在技术上集中精力则会增进技巧，由此而完成建筑设计。

此外，本丛书为了提高建筑设计的一般素养，还另外编撰了一些汇集最新信息的专集，如果本丛书能够对综合性的知识和技术训练有所裨益的话，丛书的编者们都会为此而感到高兴。

4 编辑与作者

本丛书的整体策划和组织工作由编辑委员会负责，各分册的作者都经过了编辑委员会的严格挑选，而且还特地邀请了从事设计和策划的专家参加，请他们以容易理解的方式介绍有关方面的最新信息。

5 致谢

本丛书各册中所刊载的最新的资料及信息，都是通过众多参与者的协助和支持才得以完成的。在此，对全体参加本丛书编辑工作的人员致以衷心的谢意！

谷口汎邦

◇编辑委员会◇　（1999年8月1日）

〔编辑委员长〕　谷口　汎邦　（武藏工业大学教授　东京工业大学名誉教授）

〔编辑委员〕　（按日文字母顺序排列）

荻野郁太郎　（荻建筑环境事务所）

志水　英树　（东京理科大学教授）

白滨　谦一　（神奈川大学名誉教授）

仙田　　满　（东京工业大学教授）

高木　干朗　（神奈川大学副教授）

藤井　修二　（东京工业大学教授）

藤江　澄夫　（清水建设董事专务执行委员）

〔专业委员〕

天野　克也　（武藏工业大学教授）　　服部　纪和　（竹中工务店董事设计担当）

有田　桂吉　（石本建筑事务所常务董事）　三栖　邦博　（日建设计专务董事）

小泉　信一　（奥村组　常务董事）　　无漏田芳信　（福山大学教授）

佐佐木雄二　（佐佐木雄二设计室）　　森保　洋之　（广岛工业大学教授）

铃木歌治郎　（景观设计代表董事社长）　山口　胜巳　（武藏工业大学专任讲师）

伊达　美德　（伊达计划文化研究所所长）

《医疗设施》前言

众所周知，Hospital一词是由表示"亲切待人"的意思的Hospitality衍生而来。近年来，在日本对于医疗已从单纯地"医治肉体上的疾病"的视点向将精神的护理也包含在内、"医治患者"的视点转变。因而开始重视患者所利用的医疗设施的环境。在制定医疗设施的计划之际，到现在为止，多数情况仍然是只将功能性放在优先位置。但是站在患者一侧的视点则要求设施内的所有场合都能为利用者(患者、探视者、医疗工作者)提供良好的环境。

在日本，民营医院在总医院数中的比例占80%(1997年)，毫不夸张地讲，民营医院在医疗中起着很大作用。

本书涉及的医疗设施是除去诊所(病床数在19以下)和精神病院、结核病院之外的一般医院。尤其以民营的一般医院中的约90%(1997年)的不足300个病床的中小规模医院为对象，确定其规划、设计指南。

第1章介绍在设计医疗设施之前需了解的知识，包括围绕日本的医疗环境即社会环境和国家政策的趋势，医院经营的筹划的基本情况等。

第2章～第6章介绍策划构想、建筑规划的立案，不同部门的设计方法。

第7章介绍最近出现的设计事例。广泛选取了有特点的医院作为典型例子。在中小规模的民营医院中有普通医院、专科医院和综合护理医院；在大规模医院中有都市型大学附属医院和采用抗震结构的医院等。选取这些例子时，考虑到了初次接触医疗设施的设计者对医院建筑的基础知识的学习和站在利用者的视点对建筑和利用者的关系的深入理解。

不仅对初次接触医疗设施设计的人，本书可供参考；即使作为经营和管理医疗设施的人深入理解建筑的入门读物，本书也可供利用。

最后借此版面向允许使用设计事例的医疗设施和设计事务所的诸位，摄影和协助刊登的诸位致以衷心谢意。

藤江澄夫
1999年7月

◇执笔委员会◇

[编辑主任] 藤江澄夫 （清水建设董事专务执行委员）

谷口汎邦 （武藏工业大学教授 东京工业大学名誉教授）

[编辑副主任] 小松正树 （清水建设提案本部医疗福祉项目室室长）

[执 笔 委 员] 木村敏夫　　　伊藤宗树

高吉邦治　　　国分　悟

山谷雅史　　　清水昌司

（以上均属清水建设）

◇ 协助　资料提供 ◇ (按日文字母顺序排列，略去敬称)

伊藤喜三郎建筑研究所　　鹿岛设计　　川重防灾工业

共同建筑设计事务所　　清水建设　　竹中工务店　　田中建筑事务所　　手塚建筑研究所

户田建设　　日本秀塔　　日建设计　　野泽正光建筑工房　　山下设计

（摄影协助）

AIOIPUROFUOTO　　SS东京　　SS大阪　　冈田写真事务所　　加藤嘉六

SATOTSUNEO　　新建筑社　　摄影中心　　NAGANO顾问

三轮晃士　　三轮写真事务所

目 录

第1章 策划之前

- 1·1 不是"医治疾病",而是"医治患者" 2
- 1·2 策划之前预知事项 3

第2章 策划、构思

- 2·1 何谓医疗设施 8
- 2·2 医疗设施的构成 9
  - 2·2·1 医疗设施分为5个部门 9
  - 2·2·2 连接5个部门的医院内流动线 10
  - 2·2·3 在医疗设施工作的人 11
- 2·3 建设计划的拟订 12
  - 2·3·1 计划的动机 12
  - 2·3·2 工程的进行 13
  - 2·3·3 今后的医疗设施 14

第3章 总体计划

- 3·1 规模设定 18
  - 3·1·1 医疗设施总体规模的设定 18
  - 3·1·2 5个部门的面积分配 18
- 3·2 建筑占地的调查、分析、评价 20
  - 3·2·1 建筑占地性质的分析 20
  - 3·2·2 设计前阶段的法规研究 21
- 3·3 区划计划 22
- 3·4 传递设备计划 25
- 3·5 信息通讯设备计划 27
  - 3·5·1 医院的信息通讯设备计划的目的 27
  - 3·5·2 建筑上的对应 28
- 3·6 剖面计划 29
- 3·7 结构计划 31
  - 3·7·1 结构形式 31
  - 3·7·2 应对地震 33
- 3·8 设备计划 34
  - 3·8·1 医院设备的性质 34
  - 3·8·2 空调设备 35
  - 3·8·3 卫生设备 37
  - 3·8·4 电气设备 38
- 3·9 外部构成计划 40
- 3·10 创造环境 41
  - 3·10·1 舒适度计划 41
  - 3·10·2 易识别度 41
  - 3·10·3 安全性、防灾性 42
  - 3·10·4 清洁管理、维修性 43

第4章　各部门的计划、设计

4·1　门诊部 46
- 4·1·1　门诊部的特点 46
- 4·1·2　门诊部的计划 46
- 4·1·3　各室的设计 48

4·2　诊疗部 53
- 4·2·1　诊疗部的特点 53
- 4·2·2　诊疗部的计划 53

4·3　住院部 66
- 4·3·1　住院部的特点 66
- 4·3·2　住院部的计划 67
- 4·3·3　各室的设计 73

4·4　供应部 76
- 4·4·1　供应部的特点 76
- 4·4·2　供应部的计划 76

4·5　管理部 82
- 4·5·1　管理部的特点 82
- 4·5·2　管理部的计划 82

第5章　改建

5·1　改建的基本考虑方法 88
- 5·1·1　改建的方法 88
- 5·1·2　拆除改建方式 88

5·2　改建的注意事项 89
5·3　改建实例 90

第6章　节能和地球环境

6·1　使用周期 94
6·2　节能 96
6·3　维护 98
6·4　对地球环境的考虑 99

第7章 设计例子

1. 副岛医院 …………………………………… 102
2. 佐藤医院 …………………………………… 104
3. 今村医院 …………………………………… 108
4. 热川温泉医院 ……………………………… 112
5. 尼崎中央医院 ……………………………… 114
6. 阿品土谷医院 ……………………………… 116
7. 稻城市立医院 ……………………………… 118
8. 神奈川县警友会京邑医院 ………………… 120
9. 市立岸和田市民医院 ……………………… 124
10. 顺天堂医院1号楼 ………………………… 128
11. 长野县立儿童医院 ………………………… 132
12. 圣路加国际医院 …………………………… 134
13. 平安厅医院 ………………………………… 138

第1章
策划之前

1·1 不是"医治疾病",而是"医治患者"····2

1·2 策划之前预知事项···················3

1·1 不是"医治疾病",而是"医治患者"

近年来,在医院中对舒适性的要求已有较长时间了。为了实现以患者为中心的医疗,医院必须是消除患者的不安感,进而能享受舒适性的设施。

在以"医治疾病"为中心的思想指导下建造的医院将提供舒适的环境置于次要地位,容易偏重功能设施。然而站在本来的医疗的基本立场上看,医院就应当是以一个一个的患者为中心的"医治患者"的场所。

需要指出,今后加强对"治疗环境"的关注,提供一个使患者能情绪稳定地生活,激励其用自己的力量治愈疾病的意志,即便不能完全治愈的患者也能安静地休养的环境极为重要。

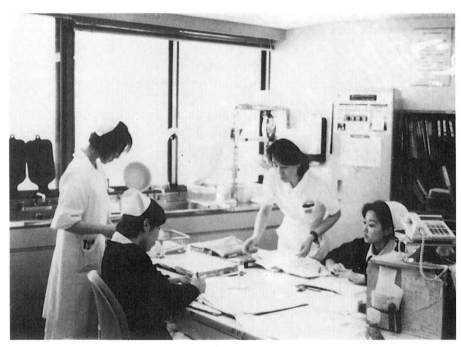

图1·1 护士站内的工作情况

1·2 策划之前预知事项

在此归纳了设计人员于策划之前围绕医疗的环境等应预知的事项要点。

(1) 到2015年4个人中有1人是老人

老龄社会白皮书(1997年)指出，到2015年65岁以上的老人在总人口的4人中就有1人，预测2050年是老龄化高峰，那时3个国民中老人占1人。

日本以任何国家都没有经过的高速度转变成老龄社会。从65岁以上的老人占总人口的比例超过7%的"老龄化社会"到超过14%的"老龄社会"所需要的时间在美国为69年，在德国为42年，在法国为114年，而在日本仅仅是24年。

如此急速的老龄化也给日本的医疗福利服务保障体制带来课题。尤其是面对老人卧床不起、痴呆等重度的需要护理的护理负担，社会保障费用，特别是国民医疗费的增加等问题，应寻求新的社会保障制度来加以解决。

(2) 近年来国民医疗费用每年约增加1兆日元

1995年的国民医疗费用为27兆日元，1999年超过30兆日元。厚生省测算依照现行制度，到2025年将达到144兆日元。随着老龄化的进展，老人医疗费用的增长引起国民医疗费用的增长。占国民医疗费用总数的比例在1993年超过30%，预测在迎来高龄化高峰的2050年将达到50%。

在国民医疗费用中有从国库补充的部分，伴随老龄化的医疗费用的增加对国家的财政产生深刻的影响。今后要谋求"医疗"和"福利"的费用负担的适度化，抑制社会保障费用(养老金、医疗、福利)。另一方面，作为适应老人家庭护理要求的新形式，从2000年建立了国家的护理保险制度。

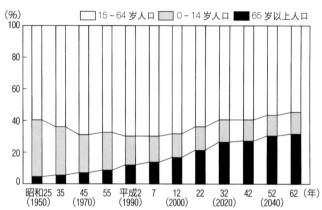

资料：总务厅统计局《国势调查》，厚生省国立社会保障、人口问题研究所《日本的将来测算人口》(1997年1月测算)(中间水平测算)

图1·2 不同年龄段人口构成的变化(预测)

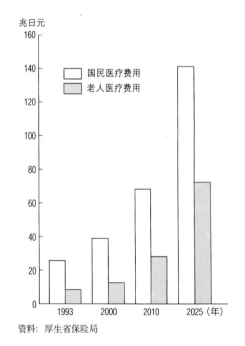

资料：厚生省保险局

图1·3 国民医疗费用

老龄化社会(aging society)
国家总人口中65岁以上的人口(老龄化率)达到7%的状态。联合国定义的世界各国的人口动态分析的指标。

老龄社会(aged society)
国家总人口中65岁以上的人口(老龄化率)达到14%的状态。

国家护理保险制度
为适应在老龄社会将要增加的护理要求而制定的国家保险制度。预定从2000年度开始执行。以40岁以上的国民为对象，用其保险费收入、税、使用费构成财源，社区为主体提供护理服务。

(3) 抑制国民医疗费用是国家的紧急课题

国家为了遏制国民医疗费用的增长,确立了限制增加病床的办法,即在1985年修改了医疗法,将都道府县制定地区医疗计划的做法制度化。在计划中,每个医疗圈分别设定其所需病床数,不再改变。在制定该制度之前,如果医院申请增加病床,大多数情况下都会被批准。但在实行1990年的制度以后,一个地区的现有病床数超过该地区所需病床数时,原则上不许可增加病床,于是新开设医院和增加病床的医院急剧减少。

(4) 医院数、病床数都有减少的趋势

日本的医院根据经营主体分为国家和都道府县等经营的国营医院,医疗法人和社会福利法人等经营的民营

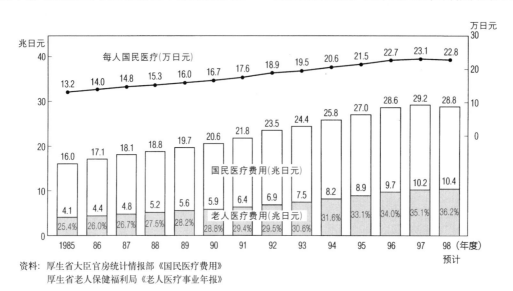

资料:厚生省大臣官房统计情报部《国民医疗费用》
厚生省老人保健福利局《老人医疗事业年报》

图1·4 国民医疗费用的变化

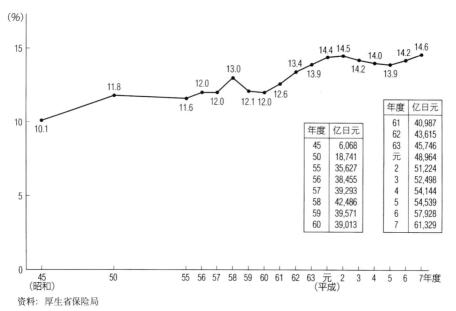

资料:厚生省保险局

图1·5 医疗费用国库负担额度占国家一般年支出的比例

国民医疗费用

在日本的医疗机构等支付给伤病诊疗的1年费用。保险诊疗的医疗费大部分限定在伤病治疗费中。其财源构成为国库3成、保险金6成、患者负担1成。

地区医疗计划

厚生省从1986年实施。以向地区居民平等有效地提供医疗资源为目的、以特定地区为对象而制定的计划。据此决定各医疗圈应具备的病床数。

医疗圈

在地区医疗计划中,从一级到以特殊医疗的配备为目标的三级进行设定。在交通条件、地理条件等前提下进行设定。

医院。民营医院占总医院数(除去精神病医院)的80%左右，占总病床数(除去精神病医院)的60%左右，所以说日本的医疗是由民营医院支撑也并不过分。

1996年的医疗设施动态调查显示，日本的医院数为9490家(其中普通医院8422家)，比上年减少了116家。每10万人约有8家(其中普通医院7家)。从1953年开始调查以来，每年都增加的医院数在1990年达到高峰，由此转为逐年减少。

另一方面从病床数来看，1996年的病床数约为166.5万张(其中普通医院约为126.3万张)，比上年减少了约5000张。每10万人约为1340张(普通医院约1000张)。病床数也从1993年开始逐年减少。这是实施地区医疗计划等之后发生的政策性减少。

(5) 多项规章制度伴随医院经营

医院对来院的患者提供医疗服务，从医疗保险的支付和患者本人(一部分自己负担)收取等价报酬。对诊疗的报酬规定，无论国营还是民营医院，全国的医院、诊疗所一律适用。

医院的运营是由以医生为首，还有护士、治疗作业人员等有专业资质的人及支援他们的职员共同进行。另外，医疗法规定，当住院和门诊患者大批地增加时，根据情况增加有资质的人员。

医疗法不仅针对管理运营方面，对于设施也规定了应当达到的基准。例如，病房有效面积和走廊宽度等的最低基准。因此进行医院设计之际，不仅要通晓建筑基准法和消防法等与建筑相关的法规，还要熟悉医疗法和厚生省制定的设施基准。

(6) 二次世界大战后的医院建筑的改变

经过战后50年，日本的医疗供给体制为适应人口的老龄化、医疗技术的进步、医院的功能和作用的分化等时代的要求而进行了修改，从大的方面看，完成了构筑

表1·1 医院数的变化

	设 施 数					
	医 院		一般诊疗所		牙科诊所	
	平成8年 ('96)	7 ('95)	平成8年 ('96)	7 ('95)	平成8年 ('96)	7 ('95)
总　　　　数	9 490	9 606	87 909	87 069	59 357	58 407
国　　　　营	387	388	573	584	1	1
国家医疗机关	1 368	1 372	4 058	4 042	335	346
社会保健关系团体	134	134	861	843	20	18
医　疗　法　人	4 873	4 744	17 782	15 977	5 924	5 504
个　　　　人	1 875	2 110	56 193	57 466	52 745	52 220
其　　　　他	853	858	8 442	8 157	332	318

资料：厚生省《医疗设施调查》

表1·2 病床数的变化

	病　床　数			
	医　院		一般诊疗所	
	平成8年 ('96)	7 ('95)	平成8年 ('96)	7 ('95)
总　　　　数	1 664 629	1 669 951	246 779	259 245
国　　　　营	154 319	155 203	2 391	2 373
国家医疗机构	356 406	355 088	4 475	4 608
社会保健关系团体	38 904	38 846	17	31
医　疗　法　人	736 614	721 504	84 795	80 778
个　　　　人	165 637	185 896	152 811	169 127
其　　　　他	212 749	213 414	2 290	2 328

资料：厚生省《医疗设施调查》

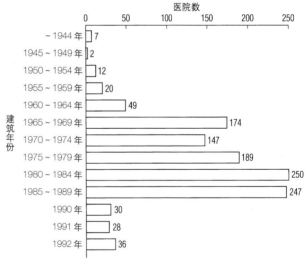

资料：中央社会保险医疗协议会《医疗经济实态调查(医疗机构调查)》(1993年6月)

图1·6 不同建筑年份的医院数(普通病房)

全民保险制度
指从1961年实行的强制全体国民参加的国家医疗保险制度。通过该制度的实行，在此之前由于经济原因不能获得医疗实惠的人也可以安心地接受医疗。

医师
具备医师法规定的资格，接受厚生大臣授予的执照的人。为了使其具有与人的生命有关的高度的专业知识和技术，从法律上规定其应承担的种种义务和责任。日本的医师总人数在1996年达到23万名。

护士
在保健士助产士护士法中定义为进行诊疗辅助和疗养上的照顾。一般在从事护理工作的人中不限于持有护士执照者，还包括持有准护士执照的有资格者。

每个国民以低负担享受医疗的体系的任务。

战后完善医疗设施的关键是扩大了支撑全民保险制度的财政来源。为了达到目标,在1960年通过医疗金融公库(现在由社会福利医疗事业团承担)引进融资制度。这个时期建成的很多民营医院的建筑面积都不超过医疗金融公库的融资限制的规模。由于设计时优先考虑功能,所以在建筑物的外观及内部装修方面,缺乏追求丰富多彩的环境和空间造型的姿态,色彩也是以白色系的标准色为中心,正所谓"像个医院"的建筑物在这个时期建造起来。

此后,由于执行了地区医疗计划的限制病床数的规定,因而出现了从量的扩大向质的提高的时代要求。开始向建造站在患者视点的设施的巨大转变,其中包括适应疗养环境的提高增加诊疗报酬、根据新设施基准扩大病房面积等。

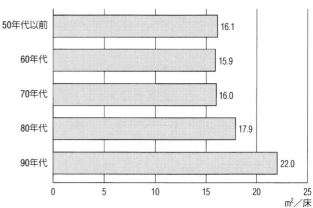

资料:国立医疗、医院管理研究所《关于老龄住院患者的疗养环境的研究》(1992年度)

图1·7 不同建筑年代1名患者的病房面积

诊疗报酬
医师等作为其提供的医疗服务的价值所收取的费用。在保险诊疗中,该金额用诊疗报酬分一个一个地确定。通常每2年以政策引导为目的修改1次。

第 2 章
策划、构思

2·1 何谓医疗设施 ········· 8
2·2 医疗设施的构成 ········· 9
2·3 建设计划的拟订 ········· 12

2·1 何谓医疗设施

在设计之前，应当了解日本法律制度上规定的医疗设施的状况，必须理解如何进行设施配备。

医院设施是支撑日本的保健、医疗、福利制度的重要设施之一。为了保障人人健康，各种设施相互联系，大致在图2·1表示的位置上发挥其功能。医疗设施位于图中的粗框内，承担诊断、治疗和护理的职责。在医疗法中将其按功能划分成医院、诊疗所(有病床或无病床)、助产所，明确了其各自的任务。

但是，在日本面对今后的老龄化的要求，产生了根据职责将医疗设施的功能进一步划分的必要性。老人恢复功能需要时间，针对进行长期疗养的患者，出现了更接近福利设施的护理功能的疗养型病床群。在1992年(平成4年)修改的医疗法中制定的疗养型病床群与针对急病患者的普通病床有区别(图2·2)，诊疗报酬、病房面积和走廊宽度等设施基准也与普通病房不同。

另外，在上述修改中，作为实施高度医疗的设施，还规定了特定功能医院，这是进行专科诊疗的医疗机构。

设计人员在设计、计划中必须牢记这些设施在功能、基准方面的区别。

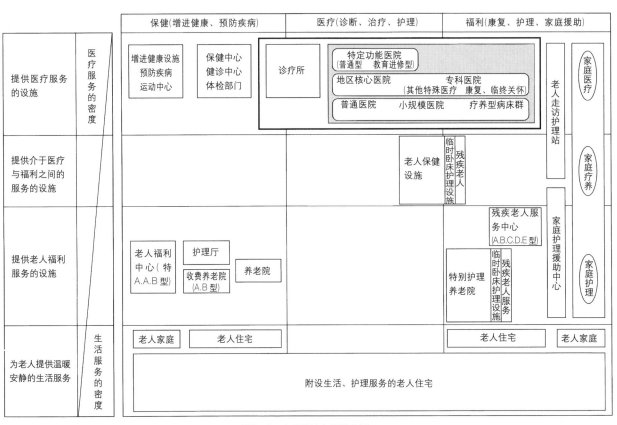

图2·1 各种设施占据的位置

疗养型病床群
1992年实行的制度，在医院的普通病床中，主要是接纳需要长期疗养的患者的床位。之所以作为一个群，旨在划分病区，引进制度。

特定功能医院
具备高度医疗所需的人员、设备和技术水平的医院，基本上是诊疗由普通医院、诊疗所介绍的患者。满足病床数在500张以上、诊疗科室在10个以上等条件时，厚生大臣予以批准。

如第1章所述，日本的医疗设施的8成左右是民营医院。发包方是这种性质的医院时，与国家的医院用国家、自治体等的预算进行建设的情况不同，其建设费用是从诊疗报酬中筹措。设计者进行规划时需要考虑到，医院设施的开设者是国家还是私人，这会极大地左右预算。

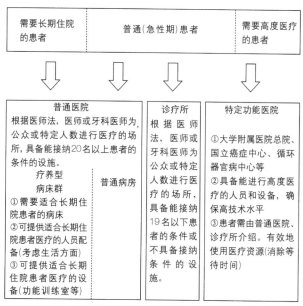

(注)1 修改前，关于医院(病床)分为普通医院、精神病医院、结核病医院、麻疯病医院和传染病医院；关于普通医院的功能划分并不充分。
2 在修改法中规定，根据普通医院的申请，都道府县知事可批准设立疗养型病床群；厚生大臣可在听取医疗审议会的意见之后批准设立特定功能医院。

资料：厚生省健康政策局

图2·2 根据修改医疗法(1992年)的医疗设施分类

图2·3 医疗设施的功能体系(1998年时)

老年医院
主要接纳老年患者的医院的通称。指一年中65岁以上的老人的接纳率平均在60%以上的医院，也指医疗法中规定的特批老年医院。

2·2 医疗设施的构成

2·2·1 医疗设施分为5个部门

以下对医疗设施的功能加以理解。

从使用的角度，医疗设施一般分为表2·1所示的5个部门(根据日本医疗福利建筑协会医院建筑基础讲座资料)。

其中从患者一侧看，直接关系深的是发挥诊断、治疗和护理的功能的部门，按顺序是门诊部、诊疗部、住院部。与患者没有直接关系的部门有为整个设施发挥其功能提供所需物品的供给部，还有包括保健福利，管理运营整个设施的管理部。住院部所占面积较大，在具备24小时功能这一点上，其规划、设计的方针极大地左右患者的生活环境。为了提高患者的舒适度，每人的病房面积有年年增大的趋势。在政策上，通过诊疗报酬的环

表2·1 医院的部门构成

部门	内 部 构 成
住院部	·病房、护士站、饮食店等
门诊部	·挂号、收费和发药的窗口 ·各种诊室、候诊室 ·急诊室
诊疗部	·检查科、放射科 ·手术部、分娩部 ·康复部 ·血液透析室、高压治疗部
管理部	·运营有关各室(医生办公室、办公室、病历室、会议室等) ·福利有关各室(职工食堂、更衣室、谈话室等)
供给部	·药房、血库、中央材料室 ·供餐部、洗涤部 ·中央仓库 ·配电室、机械室 ·废弃物处理装置(焚烧炉)

境增费等制度也在加速这种趋势的发展。在称为医疗设施的基准等级的病房的设计中，对于此点必须充分注意。

此外，住院部以约30~60张病床为构成单位进行规划。将其称为护理单位，在设施的运营，建筑的规划等方面是重要的基本依据(在第4章4·3详述)。

2·2·2 连接5个部门的医院内流动线

在医疗设施内，通过各种人、物、信息将前述5个部门内外联系起来，达到作为医疗设施的作用、目的。

关于人、物的活动大致如图2·5所示。作为支持这些活动的载体，从空气输送管道到电梯、自动扶梯，使用各种传送设备(参看第3章3·4)。此外，关于信息，分为利用信息媒体的印在纸上的单据、病历卡等和利用电

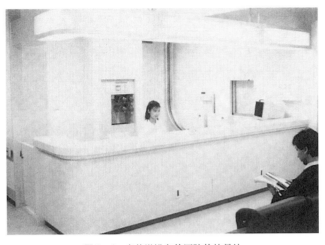

图2·4 有传送设备的医院的挂号处

脑的电子信息。近年来，诊疗信息等有电子化的趋势，配置计划的方针有时受其影响。但无论如何，在设计之前都需要预先理解授受关系。

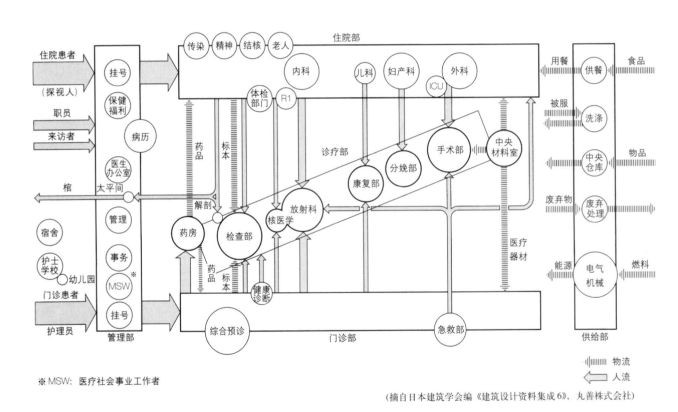

※ MSW: 医疗社会事业工作者

(摘自日本建筑学会编《建筑设计资料集成6》，丸善株式会社)

图2·5 部门构成和人、物的活动

环境增费
在保险诊疗中，对诊疗行为用诊疗报酬分数表规定了各种金额，其中与直接医疗无关，而是针对达到了一定的设施标准的设施而规定的报酬。

护理单位
由护理人员和接受其小组护理的患者构成的运营单位。在普通病房，针对30~60张病床的1个护理单位，准备设备、护理人员团体以完成护理任务。

空气输送管道
不用人传递诊疗记录等的设备。用圆管连接医院内的各部门，用压缩空气将装有传递物的小盒在管中压送。传递物限于病历卡、药品等轻物。

病历卡
病历、诊疗记录。记载患者的伤病名称、身体状况、检查结果、治疗和处方等的纸张。因为是有关患者诊疗的医疗信息源，所以要求妥善保管和顺畅地检索、抽取。1999年电子病历卡获取厚生省正式批准。

2·2·3 在医疗设施工作的人

如图2·7所示，医疗设施不仅有医生、护士，还有各种岗位的人(共同医疗工作人员)的支持。从具有国家资格的各种技术人员到办事员、厨师、设备维修管理人员等各种人员都需要。设计医疗设施之际，在理解医生、护士的职责的同时，还要了解这些工作人员的工作。

在讨论设计时，往往以包括开办医院的理事长、院长等医生为对象进行研究，在设施中比较容易反映医生的意见。然而为了使设施有效地发挥功能，必须牢记要提供一个让各部门一线工作的人都能容易使用的设施。设计人员从策划构思阶段的与经营者关于设施构思的讨论开始，到总体、扩初设计阶段的关于各室使用方便性的讨论为止，在每个设计阶段都需要按照顺序总结发包方的意见。

此外，在进行医院的计划之际，需要理解其运营系统。为了实现有效运营的目的，在医院管理学的指导下正在对医院内部组织和运营系统加以改进。近来，从提高设施的经营效率出发，供餐、检查等一部分职能向外委托化的趋势很大。委托外单位的场合，需要预先留心设施如何对应。

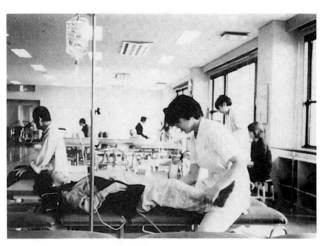

图2·6 在医疗设施工作的人

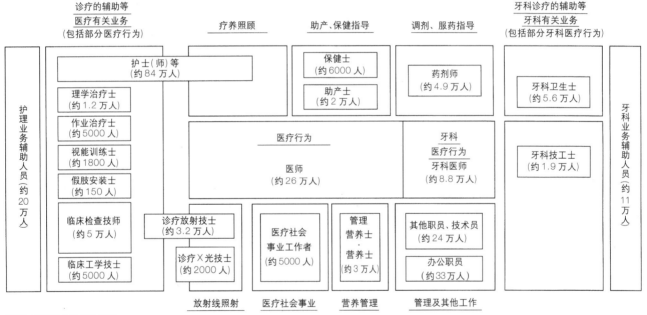

(注)1.下线部分为业务种类
(对照法律上的规定也有不够严密的部分，以优先考虑概念的容易理解程度而加以划分。)
2.人数引自1993年医疗设施调查、医院报告
资料：厚生省编《1995年版厚生白皮书》

图2·7 医疗机构的业务和岗位

共同医疗工作人员
在医疗设施工作的人中，除去医生、护士之外，从事医疗业务，支持患者的诊疗、疗养的人。包括具有国家资格的药剂师、放射线技士、营养士等，也广义地包括医疗事业职员、医疗社会事业工作者等。

医院管理学
研究和学习符合医疗法理念的医院的管理、提高医疗服务质量、适应社会要求的变化的医院情况的学问。1953年首先在东北大学医学部开设，现在有14所医科大学开设。

向外委托化
将医院内的工作、业务委托给外部的专业机构。目的在于减少人工费，简化组织、管理，减轻初期投资等。具体有寝具被服的清洗、标本检查、废弃物处理和供餐服务等。

2·3 建设计划的拟订

2·3·1 计划的动机

拟订设施建设计划的动机有多种多样，诸如现有设施老化，适应法规修改（包括法规的追溯），提高设施环境，有别于其他设施的经营等（图2·8）。以这些动机为基础进行研究，必须将工程向新建、增建或改建的某一具体方向推进。

设计人员根据这个建设计划的动机，必须确认设施

- ●新开业
- ●改善医院业务经营
- ●应对建筑、设备的老化，狭小化
- ●增加更新诊断功能
- ●改善使用上的不便
- ●适应政府指导
- ●提高对患者的服务水平（舒适性）
- ●改善岗位环境
- ●开展新业务（老年保健设施等）
- ●适应新的设施基准
- ●利用补助金制度
- ●提高抗震、防灾性能

图2·8 建设计划的动机

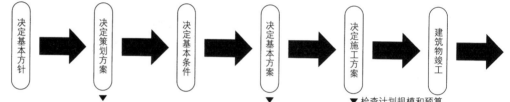

工程阶段	策划阶段		基本阶段		施工阶段		医院开业
设计阶段	构思	拟定基本条件	总体设计	初步设计	扩初设计	监理	
工程推进主体 医院	·设立理念 ·设置建委员会 ·政府有关部门听取会	·制定基本的计划	·研究建设计划、运营计划	·研究初步设计图 ·办理政府有关部门手续	·开业准备计划	合同·发包 开业准备·迁移计划	竣工移交 维修计划
咨询功能	·市场调查 ·提供医疗动向的信息 ·政府有关部门听取会	·编写根据各种调查获取的研究资料	·研究工作日程 ·所需医疗器械、备件成本试行方案 ·调查建设成本		·控制成本 ·决定器械备件	·调查准备开业的意见	
设计功能	·检查建筑有关法规概况	·根据调查资料编写策划方案 ·编写总体配备计划方案	·确定初步设计条件 ·附带设备计划	·总体设计图 ·编写成本计划 ·各种手续用图	·编写本设计书 ·附带设备图 ·编写建筑确认申请书	·施工监理 ·设计说明书	·使用说明
施工功能		·调查建筑用地概况 ·估计概算 ·全部施工进度表 ·调查现存设施	·调查实施详情		·临时建筑计划 ·估计预算 ·施工计划	·施工管理	·维修
协调功能		·编写筹措资金手续资料	·编写政府有关部门手续资料（与医务科、保健所交涉）	·编写政府有关部门手续资料（开设批准申请）	·编写政府有关部门手续资料（开设确认申请）	·编写政府有关部门手续资料（使用批准申请）	

图2·9 医院设施整备的流程图

规模、资金计划、建设日程等工程的内容。根据这些内容，必须就适当的施工类别提出方案，尤其是对于增建、改建，方案还要包括其步骤。此外，设施的规模和资金有密切的联系。在工程的各阶段要检查其状况，两者失衡时，要重新审视动机，必须与医院方面修改计划(图2·9)。

此外，由于地区医疗计划对病床数有规定(参看1·2)，所以增加病床需要得到批准。除上述外，医疗设施的计划还需要得到医疗法的批准，与医师会进行调整。只有医院一侧的动机，还不能推进建设计划。为此应提前向医院方面确认是否解决了工程的前提条件。

2·3·2 工程的进行

对于工程的完成，重要的工作首先是制定工程进度，其次是针对设计阶段，从医院方面抽出必要的条件，将其作为具体的形式，提出方案。在各阶段的关节，必须催促医院方面做出意图决断，取得其对方案内容的承认后再向下一个阶段推进。如果"必要条件的抽出"，"确实意图的决定、承认"都含糊不清，就会出现设计返工的情况，不能按照日程表推进设计工作。

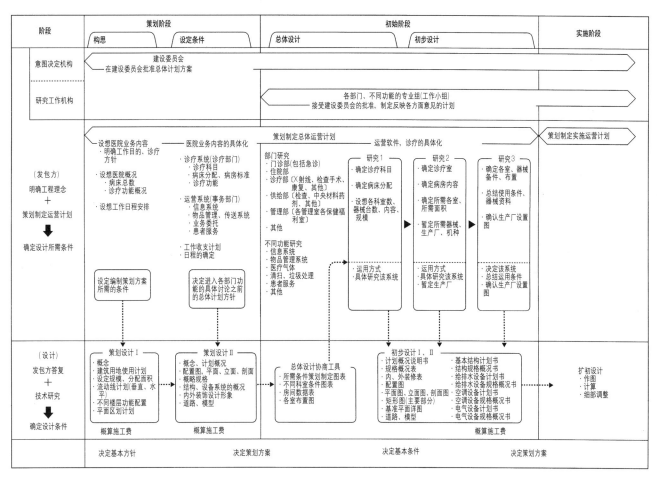

图2·10　确定策划、总体设计条件的流程图

增加病床

在1985年进行的第一次医疗法修改中，制定了限制医院病床无序增加的医疗计划。现有医院病床数超过计划所需病床等的情况下，原则上不批准增加病床的申请。

医疗法

1948年制定的医疗设施的理念的规定，是关于有效地提供优质而适当的医疗体制的配备等的法律。最初是将设施基准作为中心，其后就医疗计划的规定、医疗设施功能的体系化等进行了两次修改。今后根据政策有可能再进行修改。

图2·10是采取理想的推进体制的情况，但是在民间的工程中，多数情况是院长作为发包方做出判断。即便不是有组织的决定体制，在每个关节上，也要获取其明确的批准。

另外，如图2·10所示，设计的硬件研究要时常在医院方面的软件的方针的指导下进行。在制定软件方面的运营计划之际，有时需要取得医业经营专业人士(医业经营咨询)的帮助。要预先注意到，采用咨询意见，能够加快医院方面的"必要条件的抽出"，"确实意图的决定、承认"。

2·3·3　今后的医疗设施

如第1章1·1所述，今后的医疗设施正不断地向以患者为中心提供医疗服务的场所变化。在进入下一章之前，将患者对医院要求的空间、设备的情况表示如图。1992年对患者进行的问卷调查表明，患者对候诊室的要求依次是"清洁"、"温度、湿度"、"宽敞度"、"明亮度"，对病房的要求是"明亮度"、"宽敞度"、"安静度"、"窗外景色"(图2·11，图2·12)。站在患者视点上的设计，要时常注意这些要求。19世纪的南丁格尔(红十字会创始人)曾说过，作为健康的医院的条件是"新鲜的空气"、"光线"、"充足的空间"、"分科接纳病人"等。由此可见，任何时代站在患者的视点上对设施的要求并无多大差别。

作为改善的程度，与"高级宾馆的舒适程度"比较，"自家的方便程度"占的比例大。图2·13表示今后的治疗空间应具有的状态。设计人员应首先树立的观念是意识到医院应为接近日常生活的有温馨感的设施，循此推进设计。

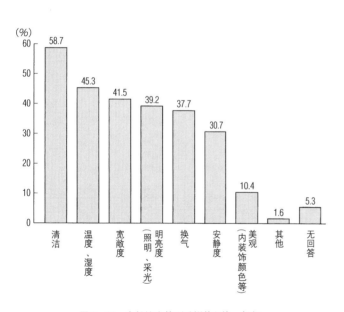

图2·11　在候诊室特别重视的环境、气氛

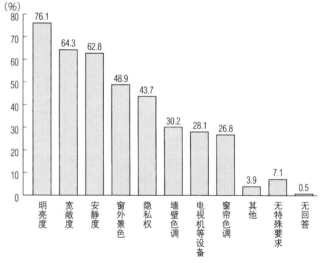

图2·12　判断病房的要点

资料：医疗有关服务振兴会《1992年度医疗有关服务患者意愿调查》

运营计划
从长远眼光设定医院的设施、人员计划，策划决定其运营方针。判断收益性、效率性等的经营与患者服务等的诊疗之间的平衡，最有效地做出医院内5个部门的人、物的投资。

医业经营咨询
策划制定、答辩医疗设计的运营、经营计划的咨询。从经营理念到各种业务手册的编写，根据广泛的医疗信息，向经营者提供所需的判断指标。

医疗服务
将提供医疗的行为理解为服务业。对其进行评价不仅根据患者的治愈率等结果，还包括向患者提供信息和相应的服务过程。

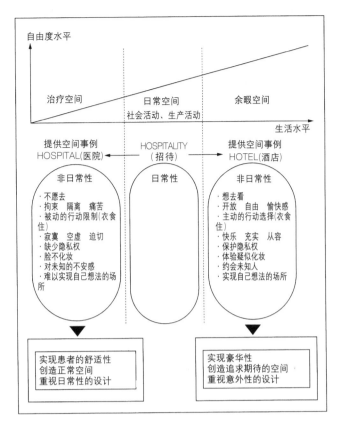

图 2·13 住院生活和日常生活、余暇生活的概念的对比

图 2·14 采光区布置美术品的病区走廊

第3章
总体计划

3·1 规模设定 ····················· 18

3·2 建筑占地的调查、分析、评价 ········ 20

3·3 区划计划 ····················· 22

3·4 传递设备计划 ·················· 25

3·5 信息通讯设备计划 ··············· 27

3·6 剖面计划 ····················· 29

3·7 结构计划 ····················· 31

3·8 设备计划 ····················· 34

3·9 外部构成计划 ·················· 40

3·10 创造环境 ···················· 41

3·1 规模设定

3·1·1 医疗设施总体规模的设定

在进行医疗设施设计的场合，规模设定（建筑面积）的重要指标是病床数和1张病床的建筑面积。总体的规模（建筑面积）用该"病床数"×"1张病床的建筑面积"即可求得。从过去的事例可统计出1张病床的建筑面积。图3·1表示统计的情况。根据业主的性质，有以下3种情形。

- 民营医院　　30m²/床～60m²/床
- 国营医院　　50m²/床～80m²/床
- 教学医院　　70m²/床

从上述趋势可知，医院的医疗密度越高，1张病床的建筑面积越大。近来，民营医院为了适应患者对舒适度要求不断提高的形势，有向大规模、大空间发展的趋势，因而上述数值也不断地增大。在进行规模设定之际，重要的是明确为实现该医院的既定医疗所必需，又切实的目标。总体规模设定之后，计算出概算的建设费，与医院方面要求的规模、建设费比较，确认不存在大的差异之后，再进行后面内容的研究。

此外，应当注意，在进行规模设定之前，作为前提的批准病床数尚未决定时，不能进行后面的计划。

3·1·2 5个部门的面积分配

确定了总体的规模之后，继而计算决定5个部门的面积分配。如图3·2所示，在以往事例的基础上分配组成医院的5个部门的比例。该分配比例因医院的功能、性质而异。在高功能、专科医院里诊疗部占的比例大，在以疗养为主的医院里住院部占的比例大。

民营的普通医院中5个部门的标准比例如下所示。

- 住院部　　45%～55%
- 门诊部　　9%～12%
- 诊疗部　　15%～20%
- 供给部　　11%～15%
- 管理部　　6%～12%

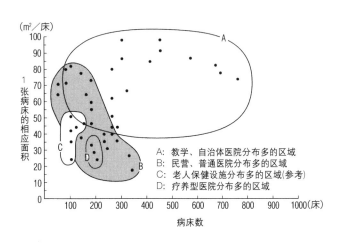

图3·1　1张病床的建筑面积

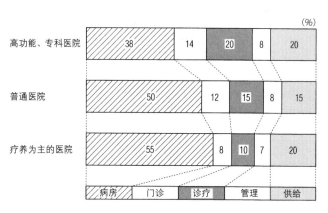

图3·2　医院5个部门分布比例

舒适度
从医疗服务的观点，与患者需要的舒适性有关联的事物的综合。包括从建筑物、设备等的硬件到医疗技术、护理等的软件。

病床数
在建设、运营等医院设施计划的规模计算中最重要的指标。厚生省根据地区医疗计划批准的项目。

组成医院的5个部门
如本文中所述，在建筑规划里，将医疗设施分成5个部门对医院进行规划。这与实际的医院管理上的划分不同。

各部门的面积中，对组成住院部的病房和食堂的面积都有法制规定和设施基准。医疗法规定多床病房为 $4.3m^2$/床以上，单床病房为 $6.3m^2$/床以上。此外，在疗养型病床群中，病房定员 4 人以内为 $6.4m^2$/床以上(1998 年时)。

近来，患者对改善环境的呼声也反映到各种基准上，在 1992 年(平成 4 年)制定了疗养环境增费制度。根据该制度，多床病房的定员在 4 人以内、1 护理单位、最低为 $6.4m^2$/床，平均为 $8m^2$/床以上的情况下，要增加医疗报酬。于是住院部的面积有增大的趋势。

关于各部门、各房间，参考 1 张病床或对总体面积的比例等以往的事例加以确定(第 4 章中详细介绍)。

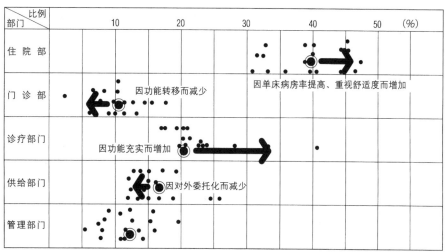

资料：岩堀幸司《1997 年 7 月医院建筑基础讲座》

图 3·3　不同部门面积分配的今后趋势

(a) 单床病房

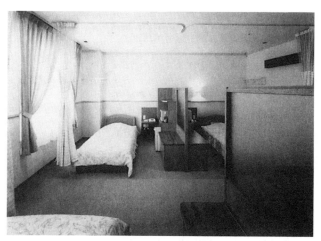

(b) 4 床病房

图 3·4　不断改善环境的病房

3·2 建筑占地的调查、分析、评价

确定了医院的规模、建设费，进行建筑占地使用计划之前，必须分析、了解计划占地的性质，预先确认法律上应考虑的各项规定。

3·2·1 建筑占地性质的分析

首先要了解邻接道路的状况。调查宽度、交通量、便道车道、占地的高差；分析占地与邻接道路的关系之际，在了解进出医院的各种人和物(参照第2章2·2)的性质的前提下，必须研究从道路的主干路、辅路进入的区别。即便有公共交通到达，医院也需另外有足够的停车场。必须考虑包括轿车停留和出租车等客空间在内的充足的转向空间，制定如何将人、车引进的进入计划。

其次必须调查基础设施(上下水道、电气、燃气的供给干线)的位置。尤其需要注意，在不具备完善的基础设施的城市郊区、未开发地等地方，要进行各种引入施工，要有净化池。

进而要调查建筑占地的方位，邻接的建筑占地，建筑物的使用状况。医院是住院的患者24小时都在此度过的场所。在这个期间防碍患者生活环境的主要是噪声、振动等。特别是在住院部，要求阻挡外部的噪声。为此必须确认建筑周围有无铁路、公路等噪声发生源，根据需要，考虑在建筑占地用隔离带分开，或提高窗户的隔声性能等(图3·6)。此外，从提高生活环境质量的角度，充分的采光、通风也是重要的规划着眼点。

其他还有调查以往的积水记录等气象资料，在计划中一定要反映出可能出现灾害的情况。在建筑占地内实施钻孔探查，在了解地基状况的前提下，研究桩的施工法和工期。

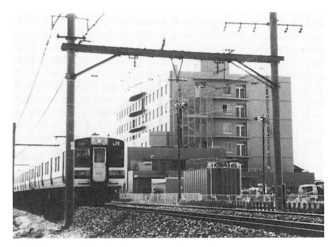

图3·5 与铁路邻接的医院

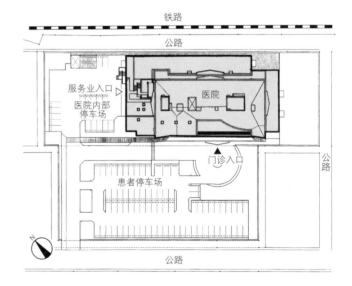

图3·6 与铁路邻接的医院(临铁路一侧采用双层窗)

3·2·2 设计前阶段的法规研究

设计作业中,大的工程的关键是申请批准的手续。在设计的前阶段,首先是申请批准之前,要确认在应当解决的建筑基准法之外是否还有法规方面的手续。关于这方面的内容另外列表表示。在编排工程的进度之际,首先要确认这些批准手续的必要性,将该手续包括在内制定设计、施工的进度表;各项工作开始之前,必须与政府有关部门进行协商。此外,需要进行结构评定、防灾评定的场合,必须在申请批准之前经过建筑中心的审查,获得建设大臣的批准,这对建设进度有影响。关于计划内容,在结构、防灾方面也比建筑基准法有更多的要求,所以必须予以注意。

其次,为了编写申请批准的文件而进行与建筑基准法有关的研究。首先,在城市规划中对每个地区都有建筑限制。在第1种、第2种低层住宅专用地区、工业地区、工业专用地区不能建设医院。而另一方面,一般而言,即便在建筑限制严格的市街化调查地区也不受限制,能建设医院,但是需要预先办理手续。

在单项规定中,有围绕建筑占地的各种斜线限制。尤其是关于采光斜线,为了基本上使供患者使用的房间全部达到法定的采光要求,在充分了解的基础上,研究与地界线的距离尺寸,另一方面,在有日影限制的地区,要一边验证规划的建筑物对邻地的日影形成,一边研究设计。

尚有一些不属于法规方面的问题,即关于建筑物的建设过程中对周围环境的影响要与近邻协商,新医院的设立要取得医师会的认同等,也是推行计划不可缺少的环节。对此需要注意。

表3·1 适用的主要关联法规参考表(医院、诊疗所、助产所)

法令、告示、通告	项目、内容
建筑基准法(用途)	法别表第2(は)项三号《医院》,(い)项八号《诊疗所》
建筑基准法(特种建筑物)	法别表第1(2)项《医院、诊疗所》
消防法(防火对象物)	令别表第1(6项)イ《医院、诊疗所、助产所》
医疗法	医疗法第1条(医疗设施的种类) 医疗法第21条(设施的基准) 医疗法执行规则16、17条(医疗设施的结构设备基准)
健康保险法	诊疗报酬决定的设施基准
老人保险法	诊疗报酬决定的设施基准
药事法	药房的结构设备基准
硬件建筑法	老年人、残疾人等能无障碍使用的特定建筑物
节能法	合理使用能源
防止水质污浊法	300张病床以上的医院的排水质规定 (厨房设施、洗涤设施、洗浴设施)
防止放射性同位素产生射线危害的有关法律	因使用放射性产生装置和放射性同位素而被污染的物体的废弃,其他处理的规定
促进建筑物的抗震改建的有关法律	为了推进建于现行抗震基准之前的已有建筑物的抗震诊断、抗震改建的工作
高压气体管理法	与放置液态氧容器的安全距离和放置场所的结构基准

结构评定
建设的建筑物超过45m的场合,审查建筑图纸之前,必须在接受作为第三方的咨询机构对结构性能的审查的前提下取得建设大臣的批准。

防灾评定
建设超过一定规模的建筑物的场合,审查建筑图纸之前,必须在接受作为第三方的咨询机构对防灾性能的审查的前提下取得建设大臣的批准。医疗设施在5层以上,总建筑面积在1500m²以上的场合适用防灾评定。

3·3 区划计划

本节介绍关系面积分配的5个部门在建筑占地内、建筑物内的配置和区划的计划方法。在医院的区划计划中，一般是从住院部的配置计划、平面计划的研究开始着手。住院部是医院的基准台阶，在此决定的柱间距、垂直流动线配置等在整个医院通用，影响其他部门。在计划之际，以作为住院部基本单位的护理单位为中心进行。护理单位根据护理的科目、功能、设施基准等，约由30～60张病床构成。首先在医院总病床数的前提下，决定医院的看护单位，将其进行层叠，从而决定出住院部的层数。一个楼层的护理单位数由建筑占地的规模决定，但是在中小医院一般是作为一个护理单位。虽然在大规模医院也有作为两个护理单位的情况，但是在研究之际，需要加进建筑物和建筑用地的规模、形状的有关内容，还必须考虑当前的住院管理的状况和周围的环境状况等。住院部的研究由此开始，着手进行整个医院不同部门的区划(不同楼层的配置、各层平面)。

医院的配置在建筑规划上分为两种，一种是将各部门平面地分散配置的方法，另一种是垂直地层叠配置的方法。在日本，几乎所有的场合都要考虑建筑占地不宽余的现状和设施运营的效率，所以一般采取层叠配置的方法。

以下介绍层叠型的配置计划的要点。

(1) 门诊部

门诊部以最易明了、患者进入方便的一层为中心，集中在建筑物正面的低层部分。需要赶快分析患者到医院的方式是以车为主，还是乘坐公共汽车、电车等公共交通工具之后再步行到达。基本上是规划车容易调头的入口弯道。研究尽可能将人行道、车道分开。

近来，为了患者的舒适，入口附近的候诊大厅或者增加层高，或者设置顶部采光、大厅贯通空间、中庭，以

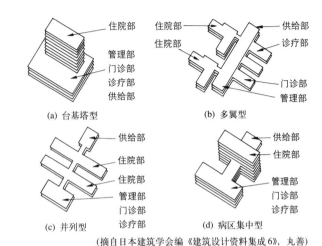

(摘自日本建筑学会编《建筑设计资料集成6》，丸善)

图3·7 区划图的基本形式

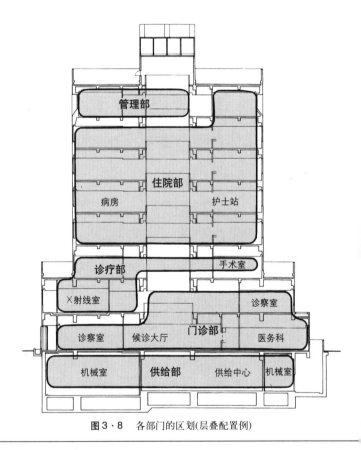

图3·8 各部门的区划(层叠配置例)

分散配置
并非建筑规划学的术语，本书中将图3·7里的多翼型、并列型、病区集中型总称为分散配置。

层叠配置
并非建筑规划学的术语，与图3·7(a)的台基塔型含义相同的称谓。

护理单位
已在第10页中介绍。

追求患者就诊环境的改善。门诊部延伸到二层以上的场合，最好设置大厅贯通空间、自动扶梯。对患者而言，设施的易明了的程度是计划的要点。

(2) 住 院 部

除了特殊场合，一般配置在医院的上层；在考虑周围环境的前提下，确定能为患者提供良好环境的位置。位于上层部位的住院部的自动扶梯、楼梯等垂直流动线的计划是医院的重要干线，所以要在充分考虑与位于下层部位的部门之间的连接的前提下加以决定。

在此阶段要预先确定多床病房、单床病房的比例，护士站的位置等。

(3) 诊 疗 部

该部分为具备以诊断为中心的功能的部门(生理、临床检查、影像诊断部等)、具备以治疗为中心的功能的部门(手术部、功能恢复训练室、放射线部等)。该部最好在门诊部附近，但是由于各部门有其各自的诊疗功能，所以也要考虑个别的配置条件。

例如，影像诊断部最好选择在将来能够进行增改建的位置。而且因为门诊患者的使用多、放置重量大的设备、有更新的必要性，所以要考虑容易进出、重量平衡和维修有保障；配置在低层的情况居多。

手术部要避开人员流动线，布置在建筑物的顶端，或门诊部、住院部之间的楼层。

在提前确立接收体制的前提下决定急救进口，要选择门诊时间之外也能方便进入的位置。

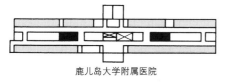
鹿儿岛大学附属医院

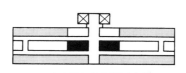
东京医大八王子医疗中心

仓敷中央医院

南风医院

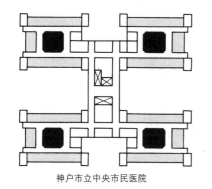
神户市立中央市民医院

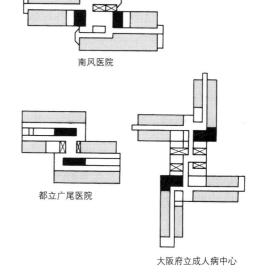
都立广尾医院

大阪府立成人病中心

A系列：护士站配置在病房群的中心　　　　　　　　　　B系列：护士站配置在纵向流动线旁
※神户市立中央市民医院1个楼层设4个护理单位，其他医院1个楼层设两个护理单位。

图例　▭ 病房　　■ 护士站　　☒ 主要纵向流动线

(摘自栗原嘉一郎"重新认识住院部构成的基本"，《医院建筑》88号1990年7月，日本医疗福利建筑协会)

图3·9　护士站的配置和住院部平面

影像诊断部

在53页介绍。

急救

从1977年开始，在现在的体系中正在完善医疗机构的急救医疗。分为3个等级，即一级急救医疗机构(公休日、夜间急患中心、家庭值班医制)，二级急救医疗机构(医院群轮流制医院、共同利用型医院等)，三级急救医疗机构(危急急救中心、高度危急急救中心、急救医疗信息中心)。

(4) 供给部

该部门在医院里是从外界进入物品最多的单位。位于以一层为中心的上、下层，即配置在从外界容易进入的位置。机械室、厨房、器材中心等设置在一层最为理想；根据需要，建立起与其他部门连接的垂直流动线而设置在地下层的例子也颇多。需要结合作业场所一起考虑；在这种场合，要研究大型车辆流动线的位置，同时努力做到不与患者流动线交错。

供给能源的设备配管、管道、电缆等布置空间一般是利用顶棚里层，在日本国内的大型医院和其他国家，也可见到放置在容易与医院的发展相适应的机械室层（设备空间）的例子。

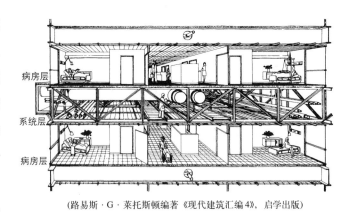

(路易斯·G·莱托斯顿编著《现代建筑汇编 4》，启学出版)

图 3·10　设备空间

(5) 管理部

该部主要是医生办公室、办公室（医疗事务、内部事务）。医生办公室配置在接近门诊部和住院部的位置，医务科设置在与门诊患者接触的挂号室的背后；根据需要设立内部办公室。此外，要适当地计划职员福利设施。还要研究内部停车场与共用口流动线的关系。

根据上述条件研究建筑占地内的区划配置的时候，要注意与道路、邻地斜线、日照规定有关的法律，还要结合建筑占地内的主流动线、方位、外界噪声、景观等加以决定。

停车数量的研究也是左右建筑物配置的重要因素。尤其在城市内，还需要研究义务停车数。停车场尽可能包括内部职员使用的位置。

在规模大的医院里，建筑物中设置连接其他部门的主流动线（医院走廊）。这不仅是连接各部门的流动线，有的沿途还设立商店、食堂、饮食店、花店等有益于患者舒适的设施。

图 3·11　医院走廊的实例

设备空间
如本文中的介绍，这是用于安装设备管线，也能适应以后的更新的专用层（在基准法中，有时不当作楼层对待）。在日本的大规模国营医院、大学附属医院可见到这样的例子。

医生办公室
在建筑规划中是指医生办公、研究、休息的场所，位于管理部。部长等干部为单人房间，一般医生共用一个房间。在第 4 章详细介绍。

医院走廊
主要在分散配置的医院，从门诊部的候诊大厅连接诊疗部等各部门的直线形的主流动线空间。不仅仅是诊疗设施，还配置了方便患者、职员的餐厅、理发美容室、CD 柜台等设施。从舒适度的观点，在很多设计例中充分地实施了采光和绿化。

3·4 传递设备计划

在医疗设施中，各种人和物连接起来发挥各自的功能。支持其运转的是传递设备。根据与建设投资取得平衡的传递计划能够实现高效的设施运营和患者服务。

如表3·2所示，人和物可以分别使用不同设备；价格高的设备颇多，所以要提前确定计划，以便决定投资和效果能取得平衡的设备。例如在中小规模的医院，对小型物品不使用设备搬运，而以电梯和人工(搬运工)代替。与发包方协商时要注意根据建设投资和运营费用(人工费、维修费用)的平衡做出判断。

作为传递对象的人和物与传递设备的组合有下列各种形式。在进行选择之际，需要研究设置费用、运营维持费用、处理能力(高峰时)、处理时间、必要的设置空间、操作的难易、维修频率等。必须在明确应对故障发生的后援体制之后再决定采用何种形式。

① 传递对象

- 人　　　　患者(步行，使用轮椅、平车)、职员(医生、护士、工作人员)、探视者
- 大型物品　供餐、厨房垃圾、被服、器材、床、废弃物
- 小型物品　标本、药剂、病历卡、X光胶片、处方笺、单据

注：需要注意，供餐、厨房垃圾或被服、器材、床之类的进出场所即便相同，根据清洁、不洁之分，收纳的场所并不一样。

表3·2　小型传递设备

机　种	可运尺寸(cm) 长×宽×高	可运重量(kg)	速度(m/min) 水平、垂直	概　况
①皮带输送机	—	—	30~50	单纯地放在水平皮带上传递，夹在两个皮带之间在垂直方向上传递。用于会计窗口→药房之间的处方笺的传递。
②盒式皮带输送机	30×(2~5)×(20~25)	0.7~1.5	50·30	将病历卡等装入特定的盒内传递的皮带输送机。在水平、垂直方向上都用磁力将盒吸在皮带上运送；在垂直方向也有使用链条的形式。
③气送管 (空气压缩传送机)	(10~40)×(φ4~φ8)	0.1~1.0	500~600	在多点之间用管道连接，利用气压传送装有物品的气送筒(圆筒形)，单纯地在两个站点之间往复，也有在多点之间以相互自动选择的方式连接。除文件、单据之外，也传递其他小物品。
④小型自移车	(35~45)×12×(30~40)	8~10	35·25	安装运送容器的自移式台车在轨道上移动。能够在水平、垂直、背面移动；运送中需要保持水平的场合，使用辅助器具。用于病历卡和小件物品的传递。除了纵式之外，还有横式。
⑤垂直皮带运输机	50×30×20	10~15	—·15	在连接各楼层的链式运输机上以一定距离安装特定的筐进行运送。在水平方向上使用皮带运输机。用于药品、杀菌材料和部分标本的传递。

尺寸、重量、速度为现有机种的大概值。

(摘自伊藤诚等著《新建筑学体系31》，彰国社)

平车

在第50页介绍。

② 传递设备

- 垂直　　　电梯(载人、平车)、自动扶梯、升降机、垂直输送机
- 垂直水平　皮带运输机、盒式皮带运输机、气送管、小型自移车

传递设备的配置必须考虑到将医院的物品按清洁、不洁分别处理的情况。并且在考虑遗体、放射性废弃物等特殊物品的运送路线、运出时间等的前提下，加以决定。图3·12表示每种传递设备处理的对象物品。

另外还必须注意，在今后病历卡、处方笺、单据、胶片等不使用传递设备而利用电子信息设备的发展方向。

以下就患者直接利用的电梯、自动扶梯介绍其注意事项。

(1) 电　　梯

电梯是上下流动线的中心，是连接门诊部、住院部或其他部门的最重要的传递设备。在外科医院，40～50张病床设置1部电梯；在内科医院，60～80张病床设置1部电梯。在门诊部选择在患者容易知道的位置；在住院部应配置在从护士站能观察出入电梯的人的位置。有的场合，载人电梯、服务性电梯改变设置位置、停止位置，与患者专用电梯分开使用。

(2) 自动扶梯

门诊部分布在多个楼层的情况下，研究自动扶梯作为患者的上下移动的主要手段而设置的必要性；最好在设置自动扶梯的同时也设置楼梯。在这种场合，有时需要研究引导盲人的方法等问题。此外需要研究机械对下层要求的尺寸，在研究振动、噪声的影响，对医疗器械的影响的前提下决定其位置。

图3·13　有自动扶梯的门诊部候诊大厅

大型物品		中小型物品			单据	其他
医疗器械大型备件	供餐被服类	杀菌器材处理用设备	药品定期运送	杀菌器材处理用设备临时运送 / X光胶片标本 血液 病历卡	处方笺、检查单、照射记录、其他	灰尘
量多频率低		量、频率中等		量少、频率高		
		中型自动传递				
	大型自动传递					
				垂直运输机		
				小型自移车		中央吸尘机
				空气压缩传送、皮带运输机		

图3·12　传递物与传递设备

放射性废弃物

在诊疗部有应用放射线进行治疗和检查的部门。在这种场合，根据"关于防止放射性同位素等产生的放射线危害的法律"，对于放射性同位素和放射线发生装置的使用、废弃物等的处理，受到规定限制。要履行义务，将通常由此处排出的水注入专用储存槽，在槽内稀释到规定值以下再处理，或者委托专业单位废弃。

电子病历卡

将诊疗记录进行电子记录、保存。在医院内，以指令运行系统为首，各种信息已数据库化，只剩下病历卡。1999年已获得批准，能够实现医疗机构和患者之间的信息共享，医疗机构相互间的信息共享。

3·5 信息通讯设备计划

3·5·1 医院的信息通讯设备计划的目的

在医疗领域与别的领域一样，计算机处理的高速化、大容量化、小型化，通讯手段的高速、广泛化等的进步，使业务不断地变化。以纸和胶片等非电子媒体为中心的业务变成电子病历卡和影像诊断信息等多媒体化信息，其运用正在推进高度医疗的实现。

其目的在于提高患者服务水平、诊疗质量、经营效率和管理的精确度。可以预计，其中哪一项都是今后的医院不可缺少的条件。

即便在中小医院，有很多业务采用了小型计算机系统，对于医务会计、检查、药剂业务等的诊疗数据的处理，成为不可欠缺的手段。此外，以提高住院部的护理业务的效率为目的，正在开发能使指示的传达和记录省力化的护理支援系统。主要使用的信息通讯设备汇总如下。

- 门诊部　　诊疗预约
　　　　　　指令运行系统
　　　　　　电子病历卡
　　　　　　患者呼叫显示
- 供给部　　投药显示
- 诊疗部　　临床检查系统
　　　　　　影像信息(PACS)
- 住院部　　护士呼叫
- 管理部　　设备管理系统
　　　　　　医生呼叫

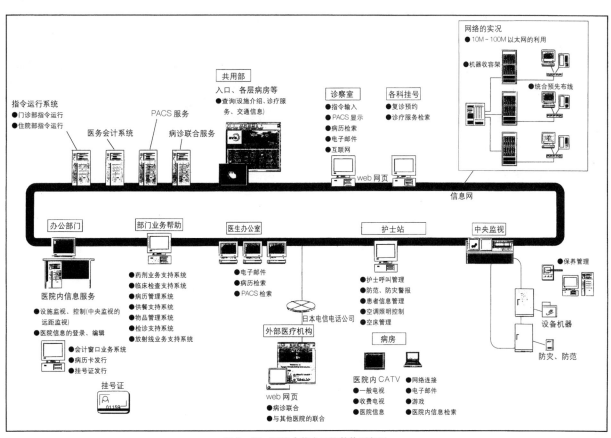

图3·14　医院内信息系统整体形象图

指令运行系统
用医院内LAN对诊疗、检查、供餐、物流等各种指令(治疗、处置等的指示)进行信息处理的系统。在强化各部门之间联合功能的同时，也反映在医务会计系统上，支持诊疗工作。与门诊候诊时间的缩短等患者服务也有关联。

PACS
医用影像管理系统。将影像诊断部的检查影像作为数字资料进行收集、保存、分配、显示的整合系统。虽然从检查到诊断的影像信息能实现无胶片化，但是由于当前检查设备的数字化不彻底，所以全面地采用该系统的医院尚少。

护士呼叫
为了患者呼叫护士而设置在患者枕边的连接护士办公室的呼叫装置。一般不单纯是呼叫，还具备对讲机的相互通话功能。

3·5·2 建筑上的对应

一般而言，计算机系统的采用多是医院直接委托给计算机系统厂家。在医院的详细设计中，要考虑床、桌等的布置，设备必须与建筑的间壁和电气器械互相对应。同样，一台一台的计算机和打印机的布置，必须与医生诊疗台周围的设备终端、医务科挂号计算机、护士站柜台等互相对应。医院方面和计算机厂家应预先就建筑物中的这种连接点进行讨论。

虽然现在有法律的限制，但是今后由于性能的进一步提高，包括电子病历卡和影像信息在内的诊疗信息在医院内外广泛地联网，进行在线交流的时代已在眼前。面向这样的时代的医院建筑如何应对预想到的更新，正是其要点。设备的空间最好有一定程度的预备空间，要预见到包括门的尺寸在内的器械更新的操作空间。

在医务科、影像诊断操作大厅等已经采用信息系统的房间，为使其能应对今后设备的更新、增设，要预先做成活动地床，形成办公自动化的地面。此外，为了能应对将来的热负荷的变化，最好采取单独空调的形式。

从为患者服务的观点出发，最好预先研究与下列各方面的对应，即利用信息设备引进门诊预约制度，通过指令输入委托检查、确认结果、处方指示、会计处理等；对患者提供就诊顺序信息不仅限于候诊的空间，还要有让患者在饮食店等场所也能一目了然的显示系统。针对患者，正在考虑发行磁卡、IC卡代替挂号单。在候诊大厅必须考虑设置复诊挂号机的空间。

此外，对于病房的患者而言，护士呼叫器，插座当然要具备，而且设想患者采用医院内LAN来利用医院的设施、查询检查信息和医疗信息、接受医疗教育的情况，要预先研究病床周围的终端和设备的空间。

图3·15 候诊大厅内的复诊挂号机

表3·3 信息通讯设备

设备名称	计划上的要点	系统例子
护士呼叫器	专用 功能性	1床1频道 无塞绳远程PB机联动
播叫机	在任何场所接收	无线式：文字表示
投药表示	易见度	高亮度LED显示
呼叫装置	明了性，设置场所	话筒、顶棚扬声器
医疗信息	线路、空间 末端机空间 电源固定 安全	指令运行系统大型表示

处方指示
医师对药房下达的针对患者的适量而安全的药剂和药剂信息的指示。利用处方指令运行系统虽然能缩短调剂时间等，但是从法规上不能缺少医师盖章的处方笺。

医院内LAN
将指令运行系统、医务会计系统、PACS等相互连接起来，将医院内的信息网络化而构成与外界医疗机构也联动的系统，能任意输入、检索。

播叫机
使用PB机等在医院内主要呼叫医师和工作人员。也有的服务系统是将PB机借给候诊患者，使其能在医院内的任何地方都能度过候诊时间。

3·6 剖面计划

剖面计划是从研究各层的层高开始；就各个房间的上下配置、整体建筑高度等，边确定各部分的整合性、合理性，边推进剖面计划。

一般而言，各层的层高是在考虑经济性的前提下决定其最佳尺寸。关于顶棚的高度，包括病房在内的普通房间约为2400～2600mm，门诊的诊察室约为2400～2800mm，影像诊断部约为2800～3000mm，手术部约为2800～3400mm，结合特殊的器械、设备的设置尺寸加以决定。顶棚内设定容纳结构梁、设备配管的内部尺寸约为1000～1200mm，在此前提下决定层高(图3·17)。对于机械室，要先验证设置的机械的尺寸，再计划包括维修尺寸在内的最佳层高。

另一方面，从提高患者的舒适度出发，患者使用的房间的顶棚高度有增大的趋势。尤其是门诊的候诊大厅等，因其左右着对医院的印象，要尽量取高尺寸，要注意大厅共同空间等能给予患者舒适感觉的计划。

将各层叠层之际，要注意的事项是向下一层的排水布管的影响，或者向上下层的噪声、振动等的影响。从这点出发，在以下的房间的计划中，需要返回平面计划进行验证。

(1) 机 械 室

与其他房间比较，该室层高大。因为该室决定了其层高，所以要验证是否放在对其他房间影响少的位置上。而且这是放置发生噪声、振动的机械的场所，因此要极力避免设在病房等的上下层。

(2) 使用水的房间

厕所、浴室、厨房等有排水管向下层的房间不要配置在配电室、放射线室、手术室等需要避水的房间之上。此外还要考虑，在厨房的顶棚内层的管路不应有污水管。

(3) 病 房 的 水

对于病房，尤其是单床病房的整体浴槽、厕所等的排水管，要极力地布置在地面上，要考虑排水声音对下层不产生影响。在这种场合，从消除地面高差的观点，需要将布置排水管的楼板下降；决定收纳空间时，也要考

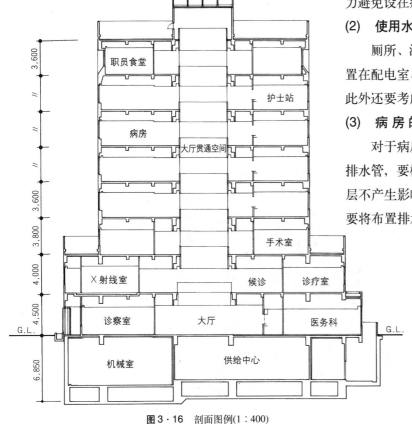

图3·16　剖面图例(1∶400)

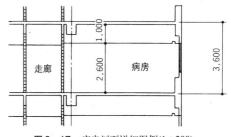

图3·17　病房剖面详细图例(1∶200)

虑结构上的问题。

根据各层高度叠层的时候，如果整个建筑物的高度超过 31m，则必须安装紧急用电梯；超过 45m，则必须进行结构评定。为了避免这种情况的出现，有时要调整整个建筑物的高度，对此应予以注意。

在剖面计划中也要对阳台的设置进行查证。即便根据建筑基准法确保了两向避难，有时也要接受当地消防署关于阳台设置的指导。达到接受防灾评定规模的建筑物多数被要求设置阳台。这种阳台作为火灾时的暂时避难地和消防队的活动场所很有用处。此外，在南面的阳台能代替屋檐，有减轻热负荷的效果。从医院的管理方面看，多数管理者不愿意让患者走出病房外。关于阳台的设置，要注意提前确认医院的规定。

在剖面的详细设计阶段，将地面无高差作为原则，进行收纳空间的研究。尤其是增改建的场合，要考虑患者转移的易行度，要注意极力地与现有建筑物结合，与现有部分无高差。因此，对于这种场合，要在计划的开始阶段进行图纸研究和实际测量，确认现有层高，以进行与其相吻合的增建部分的剖面计划。但是当现有一侧老化加剧，预计不久的将来要翻建的时候，就用最适当的层高进行计划，先采用坡道连接。

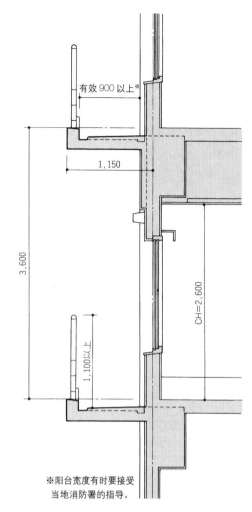

※阳台宽度有时要接受当地消防署的指导。

图 3·19　阳台剖面详细图例

图 3·18　病房设阳台的医院

坡道

如本文所述，在医院内患者使用、活动的房间、通道必须极力地消除高差。在增改建等部分，地面出现水平差时，用斜度小于 1/12 的坡道连接，并且两侧最好设置扶手。

3·7 结构计划

医院的结构计划必须是考虑医院特有的平面计划和设备计划的计划。

柱网布置柱距通常是以构成病区的4张床病房的模数为基准。因此基准柱距一般为6m×6m左右，包括走廊为6m×9m左右。关于层高，将在剖面计划中阐述；层高的决定要考虑顶棚高度、结构梁的高度、设备配管和管路的收纳尺寸，还必须预计将来的改建计划。

结构上的重要之点乃是平时对于通常使用的生活荷载能毫不担心，而在非常时刻又保持坚固的抗震性能，保护人和建筑物避免地震的伤害。

3·7·1 结构形式

医院的结构形式一般采用钢筋混凝土结构(RC结构)。其主要原因在于，RC结构的特点是对于地震、风等的水平力，建筑物的变形少，而且隔声性能好，也容易适应施工途中的设计变更(表3·4)。然而比钢框架结构(S结构)建筑物的重量大，所以需要考虑建筑物的下沉。

作为RC框架结构，有刚性框架结构和箱形框架结构。在医院的平面计划中，一、二层设置门诊部、诊疗部，不能指望有大量的墙壁，考虑到将来的改建和适应性也不能在内墙采用承重墙，由于这些原因，采用刚性框架的场合颇多。在这种场合也需要抗震墙，但是要极力地利用外墙、楼梯间和厕所的墙。

在RC结构的建筑物中，不能有平面的扭转，各层坚固度的平衡要好。进而言之除了通常的容许应力设计之外，最好要确认由设计的柱、梁等构成的框架对于水平力是否保持极限强度，即进行持有极限强度的确认。

近来，随着医疗设备的发展，各种器械的重量加大，X射线室和MRI室等必须一一应对。此外，对于这些机器，不仅要考虑运输通道的空间尺寸，还必须考虑荷载上的应对。

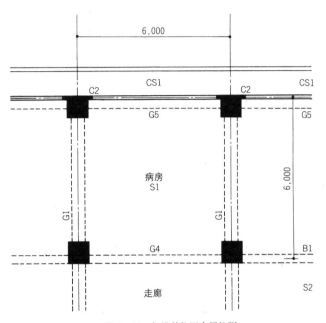

图3·20 标准的柱网布置柱距

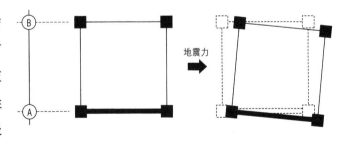

图3·21 平面上容易扭转的形状(偏心)

抗震墙
在建筑物的结构计算中，承受地震水平荷载的、有效地计划的结构墙。

持有极限强度
本文中记述。

MRI (Magnetic Resonance Imaging)
核磁共振诊断装置，应用核磁共振的人体断层摄像装置。与X射线、CT等不同，不存在放射线对身体的影响，但是为防止因使用强磁场而对外界的影响，为了阻止外界电磁波的侵入，需要电波护罩(参看第56页)。

荷载上的应对
医疗设备的设置荷载必须根据生产厂家的设备设置计划书加以计划，由于MRI的主体从8t到17t，最大接近30t，所以尽早确定采用的设备，需要反映在设计中。

在基础的设计中需要考虑建筑物的下沉。根据周围地基的状况，必须注意医疗气体、上下水道的管道等的连接与下沉的应对。

活荷载主要包括

病　房

  ·地面用　　　　　　180kg/m²

  ·梁用、基础用　　　130kg/m²

  ·地震用　　　　　　60kg/m²

门诊诊察室

  ·地面用　　　　　　300kg/m²

  ·梁用、基础用　　　180kg/m²

  ·地震用　　　　　　80kg/m²

结构设计要注意上述要点从最初的结构计划到扩初设计的持有极限强度的确认，按照表3·5所示的流程进行。

表3·4　结构类别的比较

	钢筋混凝土结构		钢框架结构
	刚性框架结构	箱形框架结构	
建设工期	普通	比刚性框架结构稍长	一般比钢筋混凝土结构短
建筑物的变形	小	比刚性框架结构小	刚性框架结构的场合，比钢筋混凝土结构大
建筑物重量	重	重	比较轻
隔声性能	好	好	因装修材料而异，稍差
梁高的标准	柱距的1/10	并无大梁，但在各处需钢筋混凝土结构墙	柱距的1/15
设计的灵活性	好	差	好
备注	檐高20m以下适用。一般而言，超过20m后采用钢框架钢筋混凝土结构。	一般而言，最多5层建筑适用。多用于住宅楼。	对于高度无特殊限制。

表3·5　结构设计的流程

结构设计的流程	作业的要点	内　容
结构计划　↓	柱距、层高、荷载、结构形式、抗震墙的配置、基础施工法等的决定。	根据图案设计者完成的设计，结构设计者、设备设计者一起决定建筑物的形状、荷载、目标成本等。在结构的领域也决定抗震性的等级。
容许单位应力（一次设计）　↓	计算建筑物的扭转和各层的刚性，决定平衡性好的柱、梁的剖面，抗震墙的配置等。	根据设计荷载，针对柱、梁等产生的单位应力，在材料容许的范围内决定截面。 将固定荷载作为长期，将长期荷载加上地震时的荷载作为短期进行设计。对于材料强度也有长期、短期的考虑方法。
持有极限强度的确认（二次设计）	计算各层建筑物的极限强度，确认是否存在特别薄弱的层面。	容许单位应力设计中决定的柱、梁等构成的刚性框架对于地震力保持多大强度（极限强度）的确认设计。持有极限强度要大于所需持有极限强度。

3·7·2 应对地震

近来，由于期望在大地震之际也能发挥出据点医院的功能，因而开始计划在医院的基础部分设置橡胶避震结构。整体建筑物采取了避震结构，从而能使建筑物的晃动从1/3减到1/5。此外，也有仅将手术室和药品库等一部分房间实施避震化装置的地面避震结构。

高层的大规模医院采用钢结构，在这种场合，变形比RC结构要大，所以在钢结构的刚性框架上组装限震装置，以此达到减少建筑物变形和加速度的目的(限震结构)。作为限震装置，已开发出主动的和被动的种种方法。

对现有建筑物抗震性的确认，正在通过包括材料老化调查在内的抗震诊断的实施进行。这种抗震诊断最好对1981年以前、现行法规实施以前设计的建筑物尽可能都要进行。在抗震诊断中，对现存建筑物通过计算，研究是否具备与现行法规同等的抗震性；抗震性不足的场合，要研究抗震增强提案。作为抗震增强的例子有柱身卷钢板、增设抗震墙、用钢结构刚性框架增强等。近来，被指定为防灾据点的医院、学校、政府的建筑物有的在进行抗震诊断之后又采取了抗震增强措施。

图3·22　避震结构

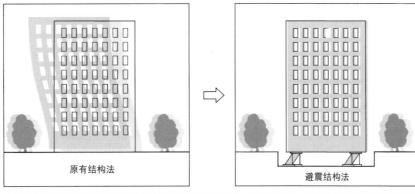

由于避震结构法能将地震的晃动从1/3减小到1/5，防止家具、器械的倒落，所以在大地震后立即能维持诊疗功能。而且还能防止外装修材料的损伤。

图3·23　原有结构法和避震结构法

避震结构
为了减少地震的水平力对建筑物的作用，在建筑物与基础或中途部分之间实施了隔离的避震装置的结构。

限震结构
在建筑物中装备能吸收进入其内的地震水平力的减震器、控制水平力的影响、不使损害在内部传递的结构。

抗震诊断
评价现有建筑物具有抵抗多大地震的能力的方法。对现行建筑基准法以前设计的建筑物的抗震性的确认，需要将材料的老化调查包括在内加以诊断。对于医院，有的场合要根据行政法令履行诊断的义务。

3·8 设备计划

3·8·1 医院设备的性质

医院的功能对设备的依赖性颇大,其供给停止以后,不只是停止了作为建筑物的功能,有时对人的生命也带来影响。因此在做设备计划之际,在了解医院建筑的设备的特点的前提下,对于追求的性质必须进行适宜的设计。

(1) 24小时运转

医院必须具备24小时不停止的功能。即便检查设备和更新设备,其功能也不能停止。这一点与发生灾害时相同,例如城市的基础设施的运转即便停止之后,也应当具备关系人的生命的功能不停止的系统。

(2) 多样化要求

对设备的要求,患者、医生、护士、工作人员、设备管理者各不相同。对于患者而言,要求提供接近更健康时的日常生活的环境;对于医院的职员,则要求提供支持其专业诊疗行动的环境。

此外,在诊疗部使用的设备中由于有利用X射线、磁场、高频等的机器,所以要求在有关的房间的设计中考虑环境控制、能源供给方面的多种需要。

(3) 对安全性的考虑

如前所述,医院的设备与人的生命密切相关。无论是日常还是非常都必须避免基础设施停止运转的现象发生。

对卫生管理也必须给予注意。为了防止医院内感染而对于需要控制空气流动的房间的管理,冷却塔的冷却水和热水的水质的管理都不能缺少。

(4) 改建工程

一般而言,民营医院的设施更新多数场合是在狭小的占地中一边运营现有的设施,一边进行增建、改造。在这种场合,需要不影响诊疗的施工程序;尤其对于设备,力求在不停止功能的情况下更换新设备。

与其他用途的建筑物的建设成本相比,病院的设备所占的比例相当大(图3·24)。在发包方的预算范围内,为了使建设计划得以成功,设计要力求能满足对设备的多样化和高度的要求,又不出现多余的性能。

进行设备设计要一方面注意医院的特点,一方面将能够应对各种环境和设施更新的功能性、日常和非常都能确保诊疗的安全性、不损害医院建设成本和运行成本的经济性作为基本性能加以考虑。

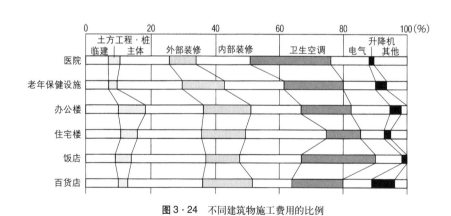

图3·24 不同建筑物施工费用的比例

医院内感染
医院内部因新的微生物感染而使患者、职员患病的情况。由微生物的存在、感染源的常在地、感染途径、非感染者免疫能力下降等4个原因引起。

3·8·2 空调设备

医院内的冷热、清洁度等的空气环境是用自然换气充足的平面设计和空调换气设备进行维持。在设计之前，设定各房间所需温度、湿度和清洁度(表3·6)，在此之上再加上各房间的热负荷的条件、管理上的条件，再决定空调方式、机器功率。

作为医院设备必须注意的问题是医院有手术室、高度护理室等为防止医院内感染而控制气流、必须保持清洁度的房间；尤其在需要高清洁度的手术室(例如设有空气过滤器的无菌手术室)，必须连室内的层流方式(房间内的气流)都要进行研究。

此外，为了除臭，还要研究需要换气设备的厨房、厕所等的排气位置。

空调方式有表3·7所示的种类；根据各部门、各层、各室的使用方式的不同划分成若干区域，采用适合各处的方式。区域的划分可以从门诊部等使用时间固定的房间的管理条件和朝南房间的方位条件加以设定。

另一方面，手术室等使用时间不固定的房间、病房，尤其是单床病房等患者能够改变设定温度的房间，需要个别控制。

选择的设备必须做到即便区域不同也能进行各季节的程序管理，并且系统全体的控制和机器的维护简单。

图3·25　单元化的手术室的空调出风口

表3·6　主要房间的温湿度条件

清洁度	房间名称	夏季		冬季	
		温度(℃)	相对湿度(%)	温度(℃)	相对湿度(%)
I	层流式设有空气过滤器的无菌手术室*	22～26	45～60	22～26	45～60
	层流式设有空气过滤器的无菌病房*	24～26	40～60	21～24	40～60
II	手术室和以此为准的手术部区域	22～26	45～60	22～26	45～60
III	早产儿室*	25～27	50～60	24～27	45～60
	手术部一般区域	23～25	50～60	21～24	45～60
	ICU*	24～26	50～60	22～25	45～60
	分娩室	25～27	50～60	21～24	45～60
IV	新生儿室	25～27	50～60	24～27	40～50
	病房	24～26	50～60	21～24	45～60
	门诊诊疗室	25～27	50～60	22～25	45～60
	候诊室	25～27	50～60	20～23	40～50
V	物理疗法室(水疗室)	25～27	50～80	24～27	50～70

* 各室可以设定该温度范围内的任何温度。
资料：日本设备协会标准1989

高度护理室
收容重症、需要继续看护的患者的病房。设置在与护士站(参看第69页)相邻的位置。

层流
为了净化无菌病房和无菌手术室的室内而向其供给的气流。为将室内的人等发生的尘埃原样地随气流运出室外，原则上是在房间的一个面吹出，又从对面吸入。有水平层流和垂直层流。

作为设备的热源，依次为气、电和油；其机械室的大小占整体的4%~5%。对于该热源的机械室，在抑制其产生的音响的同时，在平面计划中，也需要考虑将其尽量地远离病房。

表3·7 空调方式

	中 央 式		单 独 式	
	空气式	水/空气式	—	—
概况	定风量单管道方式 用1根管道从空调机向各室送风的最基本的方式。 也有在各区域设置空调机、划分系统的情况。 用于中、小规模的建筑物、工厂、剧场等。	风扇盘管部件方式(双管式) 在各室设置风扇盘管组件；另外从外界空气空调机将外界空气用管道送入各室。因为在各室容易控制，所以广泛用于饭店客房和医院病房。 另外也多用于大规模楼房的周边区域。在该场合，一般而言，内部区各层都有组件。在夏季和冬季是切换冷水、热水的冷热水管方式。	成套方式(集中式) 使用成套型空调机的方式，有使用冷凝组件的空冷式和使用冷却塔的水冷式。 空冷式多用热力泵。也有垂吊的小型品，多用于小规模的楼房。 水冷式采暖多另备热源，采用电加热器、热水盘管等。	成套方式 (空气热源多管型空调方式) 在屋顶设置室外机组件、分别用制冷剂配管与多个室内机连接，用热力泵装置进行采暖制冷的方式。也称为楼房用多管空调方式。 制冷剂配管最长可达90m。根据房间的大小，选择各种功率的室内机，能够单独分散配置。由于这种方式不需要专用机械室，配管空间也小，通过微机还能实现单独运转、部分运转和个别控制，所以近来在办公楼、商店等中小规模的出租楼内多有使用。
示意图				
其他方式	各层空调机方式 变风量单一管道方式	风扇盘管组件方式(固定式)	·水冷小型热力泵装置方式 ·空气热源穿墙组件方式	

(摘自《建筑文化》10号临时增刊"设计者用的建筑设备检查目录"1999年版，彰国社)

3·8·3 卫生设备

医院的卫生设备与其他用途的建筑物相比，在安全性方面有更严格的要求。

(1) 给水设备

给水设备的设定，以1张病床1天用量表示，在长期疗养型病床群为250~500l，在急性期医院为500~1000l，在大学附属医院为1000l以上。作为防灾措施，对于非常时期的储存能力，在半天到3天的范围内加以决定。

从节能的观点(参看第6章)出发，在有符合水质标准的井水的地方，要注意尽量地利用井水。其上水管另外配置或使用切换方式。井水可作灾害发生时的后备用水。

供水阀现在已经容易操作，因而近来几乎都采用单柄式。尤其是混合阀，在冷水和热水的混合中可简单地任意调节温度，减少了热水造成的事故，因而多被使用。

为了防止肺炎菌引起的医院内感染，热水供应设备需要日常的清扫。清扫时要有简单的竖井和设备空间。

(2) 排水设备

在排水中，除了一般的生活排水外，还有检查室的检查排水、RI的处理排水、X射线室的显影和定影液排水等。这些排水虽然分别被专业处理单位回收，但是也要求有一定时间的保管空间。对于检查室出来的排水，为了确认分别处理的实施，要求设置检水槽的场合颇多。此外，拥有300张以上病床的医院属于特定设施，有义务按照下水道法等设置处理设施，所以应与政府有关部门协商。

此外，医院中安装的器械有很多要极力地避免与水接触。在平面设计上必须考虑将水管线路绕开上述房间(参看3·6)。

(3) 医疗气体设备

医疗气体设备(表3·9)是医院特有的设备，基本上供应手术室、病房。除此之外，门诊诊察的处置室等也需要。对此要预先与医院逐一地协商安装的种类、安装位置。另外，在外部结构计划中，对供应医疗气体的液氧罐、氧气瓶库等的安全性、维护性要进行研究。

表3·8 医院全部用水量的实测值(井上宇市)

		高级医院	中级医院
24小时	以单位面积计(l/m²·d)	30~60	20~30
	以每床计(l/床·d)	1000~2500	500~800
最大使用时	以单位面积计(l/m²·d)	2.5~5.0	1.5~2.1
	以每床计(l/床·d)	100~200	30~50

(摘自空气调节、卫生工学会编《空气调节、卫生工学便览Ⅲ卷》)

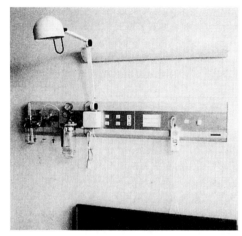

图3·26 病房内的医疗气体供应设备

表3·9 JIS规定的不同气体表示

气体种类	识别颜色	气体名称	符号
氧气	绿	氧气	O₂
一氧化二氮	蓝	笑气	N₂O
治疗用空气	黄	空气	AIR
吸引	黑	吸引	VAC
氮气	灰	氮气	N₂
驱动用空气	褐	压缩空气	STA
*剩余麻醉气	红	剩余	AGS

※为参考。

RI (Radio Isotope)

在核医学检查部，为了检查、治疗癌症等疾病使用RI(放射性同位素)。在该部门，追踪施加在患者身上的RI化合物的状况需使用闪烁扫描机、闪烁照相机等。要求具备与X射线部门同样的防御射线的功能。

医疗气体

一般使用的有
氧气：吸入治疗、麻醉、人工呼吸；
笑气：麻醉；
氮气、压缩空气：驱动手术器械；
吸引：吸引污物。

一般而言，采用中央配管方式供给，排气方法有顶棚下垂型、密封柱管型等(参看第50页)。

3·8·4 电气设备

关于所需电力,作为合同电力的设定量,长期疗养型病床群为30~40W/m²,急性期医院为40~50W/m²。大学附属医院为50~60W/m²。其电气设备如表3·10所示。其中对人的生命影响最大的是对医疗机器供电的供电设备。必须从供电源在非常时期能如何保障的角度加以研究。根据情况要研究两路送电。医院自己发电必不可少。多数医院采用柴油发电机,但是要注意其运转时产生的振动、噪声和废气的处理。此外,对于表3·11所列的房间,必须采取各自适合的接地措施。

插座分为一般用和医疗用两种。对应房间内医疗机器的布置,必须设置医疗用插座。此外,即便是走廊和候诊大厅等普通楼层只需一般用电源的地方,由于在非常时期会变成诊疗场所,所以要能适应医疗机器的需求。如此一来,就要考虑一定程度的预备状态,适当地布置插座。

图3·27 电气设备配电盘

表3·11 根据电击发生的危险度划分的医用室种类和安全措施

危险度	医用室具体例子	安全措施
1.一般的医用室	诊察室、处置室、普通病房、X射线透视照像室、标本检查室、待产室	配备带接地极的3P医疗用插座和补充保护接地端子的基本保护接地
2.中度危险的医用室	一般的手术室、恢复室、重症病房、分娩室、生理检查室、内窥镜室	完善上述的基本保护接地,进而最好根据ME设备的使用状况,也配备等电位接地
3.危险特别高大的医用室	心脏(胸腔内)手术室、心导管检查室、心血管造影室、ICU、CCU	需要备齐保护接地和等电位接地

资料:日本医院设备协会《为ME安全的医院的接地Q&A》

表3·10 电气设备的种类

电力设备		信息通讯设备		防灾设备
负荷设备	供给负荷的设备	帮助业务设备	帮助患者设备	
●一般负荷设备 电灯插座 空调动力 卫生动力 医用设备 ●非常负荷设备 电灯插座 空调动力 卫生动力 医用设备	●受变电设备 ●自己发电设备 ●蓄电池设备 ●不间断电源设备 ●干线设备 ●中央监视设备 ●医用接地设备 ●避雷针设备 ●其他	●护士呼叫设备 ●呼叫设备 ●对讲设备 ●播叫设备 ●电话设备 ●ITV设备 ●其他	●候诊表示 ●时钟设备 ●电视共听设备 ●BGM设备 ●其他	●火灾报警设备 ●控制排烟设备 ●漏气报警设备 ●紧急广播设备 ●引导灯、非常照明设备 ●其他

医疗用插座

在医疗设施内,为了保障医疗用电气机器的使用安全,《JIS—T1022医院电气设备的安全基准》规定了医疗用接地的标准。为了提高连接部分的强度,该标准规定了可靠性高的医疗用接地型插座。而且规定医疗用电气设备使用医疗用接地形插头(3P),插入到医疗用接地型插座之后,如果有电源,能自动地进行连接,可提高安全性。

医院中使用的照明设备的照度要求达到表3·12所示的数值。在研究照明器具的布置时，设计必须注意到患者在躺在病床上和担架上的状态下照明如何地进入其眼中的情况。为了避免光线直接进入患者眼内，要考虑间接照明或在走廊一侧布置照明设备。

护士呼叫器、播叫机等是医院特有的电气设备。在建筑技术的应对上并无难度，但是关于设置场所、对应系统等，要尽早地与医院进行协商。根据场合，护士呼叫器的安装高度也要根据标准房间的规格预先加以确认。

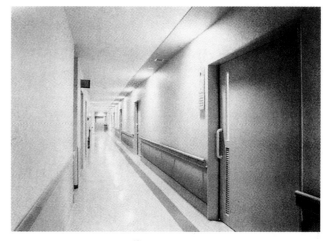

图3·28 住院部走廊的照明

表3·12 医院的照度标准(JIS Z 9110)

		1,500lx — 1,000lx	750lx	500lx	300lx	200lx	150lx	100lx	75lx	50lx	30lx
医院	场所	手术室(1) 〔10000lx~5000lx 视功能检查室（眼科明亮室）(2)〕	诊察室、处置室、急救室、分娩室、护士室、药房、制剂室、调剂室、剖检室、病理细菌检查室、图书室、院长室、医生办公室、研究室、会议室、办公室、入口、大厅	食堂、配餐室、一般检查室（血液、尿、大便等的检查）、生理检查室（脑电波、心电图、视力等的检查）、技工室、中央材料室、同位素室	育婴室、记录室、候诊室、会面室、门诊部走廊	病房、X射线室(照像、操作、读片等)、物疗室、热浴室、水浴室、运动机械室、听力检查室、灭菌室、药品仓库	麻醉室、恢复室、太平间、更衣室、浴室、盥洗室、厕所、污物室、洗涤室、病历室、值班室、楼梯	内窥镜检查室(3)、X射线透视室(3)、眼科暗室(3)、门口乘车处、病区、走廊	动物室、暗室（照像等）、紧急楼梯	〔2lx~1lx 深夜时的病房和走廊(4)〕
	作业	○剖检○分娩帮助 ○急救处置○视诊○注射 ○制剂○调剂○技工○检查 ○窗口□办公			○换绷带(病房) ○上拆石膏		○床上读书		—		

注 (1)关于手术区的照度，在手术台上直径30cm的范围内，利用无影灯达到20000lx以上。
　　(2)最好能将光调到50lx。
　　(3)采用能将光调到0lx的照明设备。
　　(4)利用脚灯等。
备注 诊疗所的照度按照病区的标准。

护士呼叫器
在27页介绍。

播叫机
在28页介绍。

3·9 外部构成计划

(1) 流动线计划

外部构成计划的首要考虑是将患者明确无误地、安全地引导到建筑物内。

为此，基本的做法是将步行道和车行道清楚地分开，必须在医院范围内将步行的患者和坐轮椅的患者无阻碍地引导到建筑物内。此外，要设定前进道路与建筑物的进口尽量没有高差，即便占地内有高差，也不要设置台阶，而要设计为坡度是 1/15～1/12 以下的坡道。对于盲人患者要考虑用盲道进行引导。

在占地大的场合，医院内通道、停车场的计划极其重要。车辆包括患者和患者家属使用的车（私车、出租车等）、职员使用的车、服务车、急救车、消防车；有的情况下也要考虑设施所有的接送用大轿车。按照 3·2 中阐述的分析结果，做出符合车的特性、高效的转变计划。最好将停车场分成患者用和职员用两部分。计划中也要考虑患者用停车场内的残疾人用车的停车位置，要保障外来患者的轮椅能够安全地行进到入口。最好尽可能地采用平面停车方式，但是也有设置立体式机械停车场的情况。另外，因为有的患者骑自行车，所以也需设置足够的存车处。

(2) 改善环境

从改善患者所处环境的角度，在医院内不要忘记加强绿化和标识物的计划。有疗效的艺术作品和标识物的计划也必须贯穿在外部构成计划中。这样的计划不仅是将患者、职员、探视人和有关服务业的人容易地引导到建筑物内，而且对医院的统一性和提高城市环境都有作用，所以要给予充分的研究。

(3) 服务设施计划

在服务业关系方面必须考虑的是能源供应、医疗气体供应、医疗废弃物的运出流动线。油罐、液态氧罐等的设置位置都有相应的安全标准，对此需要注意。此外，对进水槽、隔离配电盘等设置在室外的设备的空间，也需考虑其维护等问题后再决定位置。医疗废弃物的处理以使用大型车辆的服务作为前提，必须注意其运行路线、坡度等。在消防的灭火行动空间方面，要求研究大型云梯车等的行进路线等。对于灭火、避难各种设备、阳台的设置等，要努力做到事先与当地消防署协商。

根据占地的规模，有的医院会被指定为地区的避难场所。在这种场合，进行计划要注意开放空间的留取方法。

图 3·29　入口周围的坡道

图 3·30　入口周围的绿化

有疗效的艺术作品
作为治疗环境的一环（第 41 页），在医院外部、内部布置的雕刻、绘画、壁挂等。不仅提高患者的舒适度，有时也起着提高空间识别性的作用。

医疗废弃物
从医院排出的废弃物中，伴随医疗行为等发生的废弃物。其中有可能产生感染症的东西称为感染性废弃物；进行处理的管理负责人必须做处理计划。委托医院外的单位进行处理的场合，必须遵照废弃物处理法签订合同。

液态氧罐
医疗氧气可选择固定式超低温液化气储存槽（CE）、移动式超低温液化气容器（LCG）、高压气体容器中的任一种作为来源。前两种称为液氧罐，有义务依照危险物处理条例将其主体与建筑物分开，置于另外的房间加以保管。

3·10 创造环境

在医院中，不分部门，有共同追求的环境性能。其中包括促进、支持治疗疾病的功能的内容和有助于提高患者生活环境的内容。

3·10·1 舒适度计划

近来在医疗设施的设计中都在力求提高围绕患者的环境。患者周围环境的提高，有助于促进患者靠自己的力量医治疾病，在晚期治疗中也给患者提供能安心度日的环境。

这种称为计划治疗环境的考虑方法今后在医院的设计中必不可少，在材料、色彩方面，不仅追求功能，还必须明确什么是使患者情绪好的环境，在这样的前提下加以决定。

在建筑物的内外积极地摄入光线和绿色，会给提高环境带来巨大的效果。也需要积极地使用绘画和雕刻等艺术作品。

3·10·2 易识别度

作为常例，门诊患者在结束挂号、诊察、各种检查之后，再交费取药。对于这样的移动，需要进行初诊患者也容易明了的医院内的空间计划。例如，在视觉上要有一眼望到顶端的通道和大厅共同空间，标识物计划要一目了然等等。标识物有介绍、引导、表示等功能。根据设置的场所，将这些功能很好地加以整理，必须明确地区分使用色彩、形状和文字。

不仅限于标识物，放置的家具、艺术品、照明、床、墙壁的颜色也是重要的引导手段，有助于识别场所。对于这些方面给予注意，考虑医院内物品的调整。

图3·31 有采光井的门厅

图3·32 用家具使空间一目了然的两层共同空间的病区休息室

治疗环境
本节阐述。

3·10·3 安全性、防灾性

对于安全，有平常要求的内容和非常时期要求的内容。作为平常的安全性，为了防止患者滑倒、跌落等事故的发生，地面必须没有高差，必须采用防滑地面材料，必须设置扶手供行走困难的患者在无人搀扶下也能走动等。为了方便盲人患者和老龄患者，要使用容易辨认的材料和考虑色彩的区别等，必须努力做到帮助他们行走。

此外，作为医院的特性，也要求对放射线防御性能、医院内感染应对措施等进行充分研究。

作为非常时期的安全性，尤其是对火灾发生时和地震时的性能，要进行充分研究。对于火灾，必须消除火源，初期灭火设备的配置、防止蔓延措施、防止火灾管理上的报警设备的一元化，避难设备的充实等都是重要的内容。

遵守建筑基准法、消防法，基本上能获得这样的安全性。但是在防灾评定等的指导中要求将住院部划分为多个防火区，火灾发生时进行水平避难，手术室、ICU用耐火结构包围成隔火区。最好与医院预先研究这样的避难设备、防火区划分及其使用方法。

关于结构上的抗震性能，已在3·7·1中阐述。地震时的水和能源的储备性能、设备的抗震性的研究也极其重要。为了在灾害发生时医院的功能也不受损，要注意保障体制，决定其各自的功能(图3·33)。

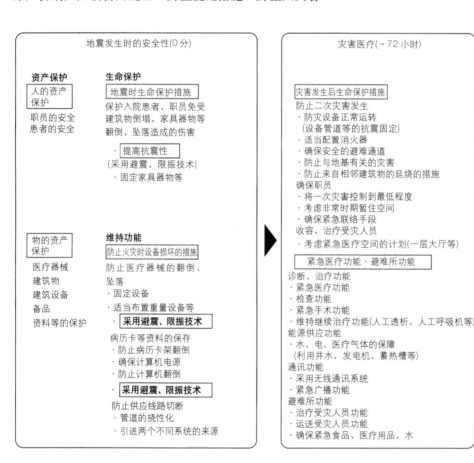

图3·33 灾害发生时对医疗设施性能的要求

放射线防御功能
对于影像诊断部照射X射线的房间要采取放射线防御措施，以使射线不向外泄漏。为此将地板、墙、顶棚等6个面用混凝土或铅板等包围。此外，操作窗等要使用铅玻璃。

水平避难
是火灾发生时的避难方法，在同一楼层设置竖井区两处以上作防火区域，火灾发生时水平地向其他区域逃避，等待医院职员和消防队员的救助。虽然医院火灾的发生率很小，但是万一发生时，受害程度可能很大，因此进行计划之际，需要对水平避难的可能性加以充分的研究。

隔火区
在长时间进行的手术等过程中如果发生火灾，有的场合，手术等诊疗行为比避难优先。设想会有这种事态出现，将手术室等区域个别地划分成防火区，采取防止火势蔓延的措施。

3·10·4 清洁管理、维修性

正确地进行日常的维护管理是医院的舒适度、安全性和防灾性的保障。因此，从计划阶段就必须预先研究建筑物维护管理的易行程度和安全性。

首先，为了日常的清洁管理要明确物品等的清洁和不洁，然后将其区分管理。将这些物品运入运出的场合，最好明确地对其移动流动线进行平面计划。

对各部的收纳，要注意不受地面污染，并且容易清扫。对装修材料要预先研究采用抗菌材料，并且需要慎重选择。

在决定设备的机械室、操作间尺寸之际，要根据维修的频率，确定容纳设备的顶棚层内的尺寸、容易进行检查的收纳部分。维修时，为了不干扰患者和诊疗行为，要考虑从走廊一侧进行。此外，也一定要考虑在更新时的运出路线。

平车、轮椅、小推车等各种运送工具都在走廊交汇。最好采用耐久性好的走廊墙体材料；在墙上安装缓冲垫等，以防墙体、墙角的损坏。

图3·34 容易清扫的医院走廊

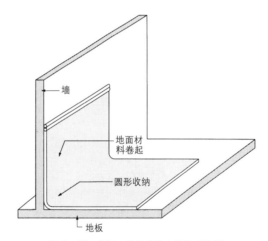

图3·35 地板、墙裙整体内装修系统例

第4章
各部门的计划、设计

4·1 门诊部 ···················· 46

4·2 诊疗部 ···················· 53

4·3 住院部 ···················· 66

4·4 供应部 ···················· 76

4·5 管理部 ···················· 82

4·1 门诊部

4·1·1 门诊部的特点

对于门诊患者而言，门诊部是委托诊断、处置和检查，要求药剂处方的部门。在进行明快而又发挥功能的设施的计划的同时，也力求能给予患者亲切感的丰富舒适度。

决定门诊部的规模之际，所预测的一天内门诊患者数是关键。门诊率(1天内门诊患者数/病床数)大约在1.5～3.0之间，如果考虑到陪同的家属，应估计实际来医院的人数比此数高出3～5成。

通常，来医院人数的高峰约在开始诊疗后1小时前后。在该时间段内1天的门诊患者数的6～7成挂号完毕，等待就诊(图4·1，2)。因此，多数医院候诊空间不足和候诊时间增加已成为经常现象。以大规模医院为中心，推行介绍制和预约制以达到集中和分散来医院患者的作法正在不断推广。

4·1·2 门诊部的计划

在医院中患者主要的活动如图4·3所示。

来医院的患者有的去初诊挂号，有的去复诊挂号。初诊挂号时，根据保险证做病历卡、挂号证。复诊挂号时，出示挂号证、检索病历卡。为了使流程顺利地进行，多数医院在初诊、复诊挂号室后面设病历卡室。

制作、检索的病历卡由职员或传递机器送到诊察室。

诊察结束后，大多数患者要去会计处结账。病历卡和处方笺同时被送到会计室，进行交费数额的计算。

交费之际，患者同时领取取药单和收费收据。此时处方笺被返回药房，进行配药；另外，病历卡被送回原来的保存处。为了顺利地进行上述流程，将患者等候时间和移动距离控制在最小程度之内，最好将会计室与药房和病卡室连接。

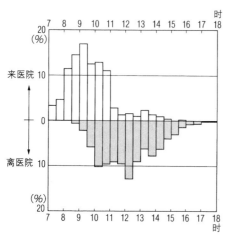

图4·1 来医院患者数和离医院患者数的时间变化

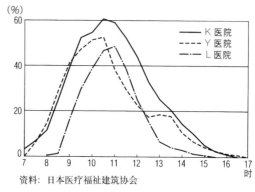

资料：日本医疗福祉建筑协会

图4·2 相对于患者总数的滞留患者数比例的时间变化

介绍制
在专科医院和进行特殊高度治疗的特定功能医院，从其他医疗机关介绍来的患者占门诊大部分的情况颇多。

病历卡的传递
病历卡的保管方法有分散式和集中式。集中式的场合，有的在向各科诊察室的传递中使用机器。随着病历卡电子化的进展，病历卡的传递将会消除。

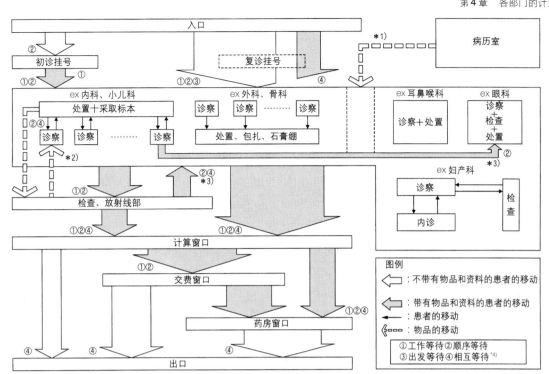

*1) 预约患者在前一天交费。预约外的复诊在挂号后交费，于是发生"④相互等待"。
*2) 在内科等的场合，诊察前有时需采取标本，于是发生等待检查结果的"④相互等待"。
*3) 在外科，检查后再次诊察的场合，由于要插入到最初预约的顺序中，于是发生"②顺序等待"。
*4) "④相互等待"因指令运行系统和传真的普及而终将消除。

资料：山下哲郎《1998年7月病院建筑基础讲座》

图4·3　患者和资料的活动与"等待"发生的示意图

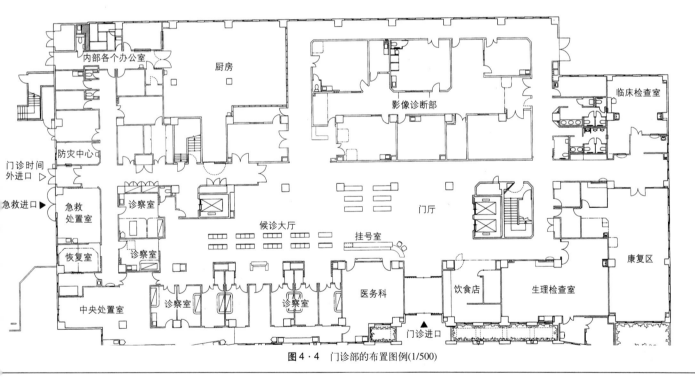

图4·4　门诊部的布置图例(1/500)

4·1·3 各室的设计

(1) 门口乘车处、玄关

门口乘车处虽然将人行道与车行道分开，但是要极力地抑制这两种道路之间的高差。另外还需考虑避雨，将屋檐从玄关延伸到车行道。

对于玄关的挡风室，要将其内侧门和外侧门的距离设计得尽量大一些，以免有风通过。此外还需考虑利用空气幕等设备不使屋内侧的空调负荷过大。

为了提高来医院患者和探视者的方便程度，在挡风室的附近设置综合引导台，其旁设置存放平车、轮椅的空地。

(2) 接待处

一般设置挂号、会计、药房3个窗口(图4·5)。也有的医院另外设置住院、出院手续窗口。由于卧床姿态的患者也办理住院、出院手续，所以这个窗口要尽可能设置在门诊患者看不到的地方。此外，有的医院的挂号分为初诊和复诊。

窗口采用敞开式柜台的例子颇多。一般而言，适应以坐姿办理住院、出院手续的柜台的高度为900mm～1m，适应坐轮椅办手续的柜台的高度最好限制在700～750mm左右。此外，终端计算机需要工作人员人手1台。因为计算机布线错综复杂，所以也要预先研究采用活动地板。

在中等规模以上的医院，还引进"指令运行系统"。与此同时，围绕挂号，也在设置自动复诊挂号机、自动交费机。挂号机要设置在从玄关容易见到的地方，而交费机要设置在从会计窗口容易见到的地方。因此在其前面有许多患者排队等待，所以要确保足够的空间。

(3) 药房

关于药房的详细情况将在4·4·2中介绍，在此仅就与门诊诊疗部有关的部分加以说明。

诊察时医生开出的处方笺经会计后送到药房。药剂师据此进行调剂，装入记载服用方法的药袋内，然后直接交与患者。要根据这种作业的程序做出配置计划。

调剂室和对门诊患者的发药窗口最好设置在紧邻会计窗口的地方。

从保持调剂作业清洁和防犯(保管麻醉药、烈性药)的观点，发药窗口如果是敞开式柜台，则需要将其与调剂室分离；如果是设置在调剂室一角，则需要用玻璃墙隔开。

现在，医院在交给已交费的患者的取药单上印有序号，用序号显示机呼唤等候取药的患者。几乎所有的医院都用这种系统。显示机需要放在较高易见的位置，由于其重量较大，因而对窗口周围的设计有较大影响。

(4) 候诊空间

为了使已经挂号的门诊患者能够舒适地等待诊察，要在该空间采取各种措施。

图4·5 挂号等待空间

图4·6 候诊空间

指令运行系统
在27页阐述。

"无需采光的房间"和"不得不用的房间"
建设省住指发第153号对此有详细的规定。尤其在医院内，护士站和一部分诊察室、检查室等涉及到该项的场合颇多。

例如，设置屋顶天窗、内院、中庭将自然光摄入，多多放置植物等都有很好的效果。但是也需考虑确保充足的照度和使用吸音性好的装修材料。在候诊室配置的椅子的规格以及是否配备电视机等，都是创造候诊空间环境的一个环节，对此要与医院一方充分协商。

关于从诊察室呼叫患者的方法，到目前为止一般是喊叫或是利用话筒和喇叭。近来，使用诊察顺序显示器显示诊察顺序，以铃声催促患者就诊的系统正在医院出现(图4·6)。

在候诊空间与诊察室之间设置"中途等待空间"的情况颇为多见。中途等待是通知进入此处的患者即将进入诊察室，并且护士在此处进行问诊和检查体温等预诊。然而，在很多医院中途等待与诊察室之间只有一个布帘相隔，从保护隐私的角度，这种做法未必合适。今后应当设置有隔音性的隔墙和门。

(5) 诊 察 室

一般诊察室的形式如图4·7所示，进门之后左侧是医生的桌子，右侧是诊察床和衣筐。在桌子正面的墙上设置X射线照片观察箱；在诊察床的周围设置密封帘。多个诊察室并列的场合，在诊察室后侧设置工作走廊，供护士进行准备工作、在各诊察室间走动、传递病历等使用。

诊察室的开间尺寸约为2.7m左右。该尺寸能使医生坐在椅子上即可接触到诊察床上的患者，对护士的通行也不会妨碍。另一方面，到目前为止，诊察室的进深多在2.7~3.0m左右。由于科目的不同，在诊察室摆放许多用于直接处置的器械，或者由于引进指令运行系统而需要终端设置空间，于是诊察室显得狭窄起来。今后进深需要3.5~4.0m。

根据诊疗科目，将各种检查室并设在诊察室内的情况也存在。概况如表4·1所示，但是由于需要特殊设备的场合颇多，所以是否这样做以及如何配置，都要在计划的初期阶段进行充分的协商。

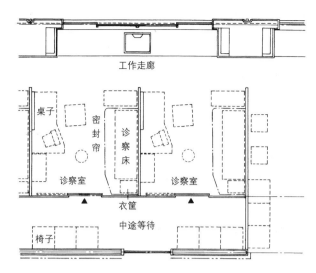

图4·7 诊察室(1/100)

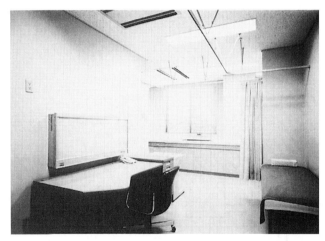

图4·8 诊察室

表4·1 诊察室内并设的检查室、治疗室

科目	主要的并设室
骨科	石膏室
皮肤科	生化检查、小手术室，光线治疗室
眼科	视力检查室，视野检查室，激光治疗室
耳鼻喉科	听力检查室(屏蔽室)
儿科	隔离诊察室
泌尿科	超声波室、膀胱镜室
妇产科	内诊室超声波室、NST室、身体检测室
循环器官科	心脏超声波室

资料：中山茂树等《日本建筑学会计划系论文报告集》

诊察顺序显示器
显示当天挂号的就诊序号、呼叫患者的方式。具有保护患者隐私，防止同姓患者之间混乱的效果。用数字表示就诊序号的系统已经实用化，也能与指令运行系统联动。

X射线照片观察箱
借助透射光直接看X射线等拍摄的胶片的荧光灯箱。箱的上下有固定胶片的夹子，箱面是乳白色的玻璃。有壁挂型、台型、嵌入型。诊察室、医生办公室、读片室、手术室等都需配备。

密封帘
不是用于遮挡窗的光线，而是代替隔墙的帘子。广泛用于医院内的多床病房、诊察室、处置室、检查室等处。其悬挂导轨安装在天花板设备上，或者将其用拉杆垂吊。

(6) 处置室

为了在诊察后进行外伤处置、输液、采血等，将处置室设在诊察室隔壁。有的场合是分科设置，有的场合是多科共设一个中央处置室(对于泌尿科、妇产科、精神神经科这样的处置内容特殊的科，需要另外设置处置室)。

中央处置室除了配备多个处置床之外，还需要放置各种器械的空间，大致计划为诊察室数 × $7m^2$ 左右。此外，为了确保从候诊大厅而来的平车等直接进入的路线，处置室后方要与诊察室群的工作走廊连接。

为了以防万一，以预先放置医疗气体设备(氧气、吸引)为宜。

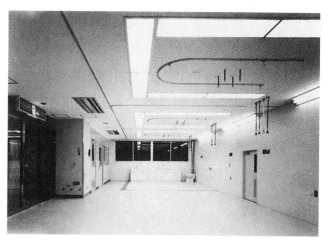

图4·9 急救处置室

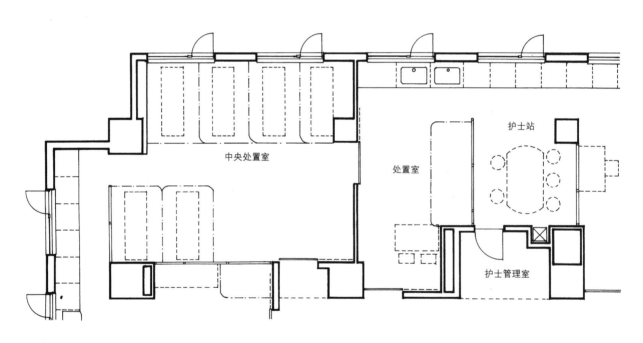

图4·10 处置室周围(1/100)

平车

运送患者使用的带轮子的担架。以前在医院内的移动多被使用，但是患者从病床上移动到平车上时，费力又不安全。近来有许多医院将走廊宽度设计得很大，连病房的病床一起移动患者。

医疗气体

一般在医院使用的有氮气、氧气、笑气(一氧化二氮)、压缩空气、吸引共5种。其中，氧气和笑气是从钢瓶经管道供给各处(在大型医院也有设置大型液氧罐的情况)压缩空气和吸引气是从空压机、真空泵经管道供给各处(参看P.37)。

(7) 急救门诊

在指定急救医院必定设置。根据各医院的医疗水平，分为一级~三级；中小医院几乎都是一级或二级急救。

在计划中，急诊设在从外界能够直接进入的位置，急救车要能够容易地横靠上去。在小型医院，有的与一般门诊的外科处置室合用，但是多数是单独进行计划。

该布局与影像诊断部、手术部、ICU、CCU(在后面介绍)、医生办公室(医生值班室)的关联密切，在同一楼层的场合，要邻近布置；不在同一楼层的场合，要将载手术推车电梯、楼梯的流动线压到最小程度。

在急救处置室备齐各种医疗气体、医疗器械用的电源；为了清洗因交通伤害而脏污的患者，有的还在地板上设排水沟。

有的场合，急诊室不仅接待急救车运送的患者，在门诊时间以外也接待一般的门诊患者就医。如果有可能，要考虑设置专用的门诊时间外诊察室和候诊室。除急救进口，另外设门诊时间外进口。

(8) 厕　　所

图4·13表示在门诊周围配置厕所的例子。在中小型医院，厕所多兼下面将介绍的"采尿室"之用，该场合要考虑与临床检查室的标本的交换，再进行计划。

男女厕所的进口要设在主流动线的附近，要想方设法，不用门扇又能挡住视线。通道宽度为900mm~1m左右，也要考虑使用拐杖的患者。此外，洗手器和小便池的间隔为800~900mm左右；洗手器设自动龙头，小便池设自动冲洗和扶手。

图4·13是厕所小间的计划例子。考虑到万一发生患者在小间内昏厥的情况，设计门扇向外开和紧急开锁装置。此外，为了照顾身体不好的使用者，必定要设置护士呼叫器。

为了帮助患者站起，要设置扶手；使用扶手时，扶手受力颇大，所以要对安装扶手的墙面进行加固。

其他方面，考虑到住院患者的使用，要设置临时点滴用的吊钩。此外，从提高为患者服务的水平的角度，要研究存物位置、婴儿床和婴儿椅的设置。

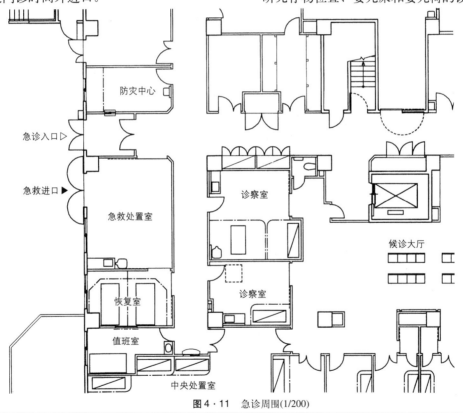

图4·11　急诊周围(1/200)

紧急开锁装置

用钥匙、螺丝刀、硬币等能从外侧打开的厕所小间的金属锁件。除此之外，患者上锁后使用的浴室、淋浴室等，其紧急开锁装置必定要安装放在外侧的萨木坦锁。

并设轮椅用厕所的计划如图4·13所示。为了方便因石膏固定腿不能伸屈的患者的使用，这种厕所的大小最好在2m×2m左右。

厕所的换气至少为15～18次/小时。排气口尽量设在臭气发生源(大小便器)的附近。另一方面也要考虑新鲜空气顺畅地流进厕所内。

图4·12　化妆间
(重视患者服务的妇产医院的女厕所)

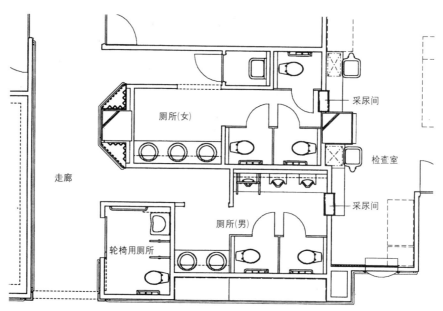

图4·13　门诊厕所周围(1/100)

换气次数

设定换气设备的能力时使用的术语。表示该房间的空气每小时更换的次数。"房间的实际容积×换气次数"为需要的换气能力。

4·2 诊疗部

4·2·1 诊疗部的特点

通过各种检查做出诊断、进行正式治疗的部门。与检查、治疗技术的进步和多向化进展成正比，所需房间的种类、数量增加，各种房间的建筑规范也有适应特殊要求的趋势。同时需要考虑借助高效的平面计划创造利于工作人员活动、工作的环境。另一方面，针对患者而言，必须要考虑室内装饰，以尽量地减轻其面对大型检查和医疗设备而产生的紧张感。

4·2·2 诊疗部的计划

(1) 影像诊断部

(a) 功　　能

为了不给人体表面造成大的创伤而又能检查体内的状态，到目前为止，主要使用X射线。另一方面，由于数字技术的进步，使用磁力线和超声波，借助计算机显示解析图像的检查正在大量地进行。将进行这种检查的部门统称为"影像诊断部"。

影像诊断部与门诊部的联系密切，来往的患者也多，将其放在显而易见的位置。尤其是有急诊的场合，从影像诊断部迅速地获取的视觉信息对于急救处置和紧急手术必不可缺，计划中要将两个部门尽量地靠近。

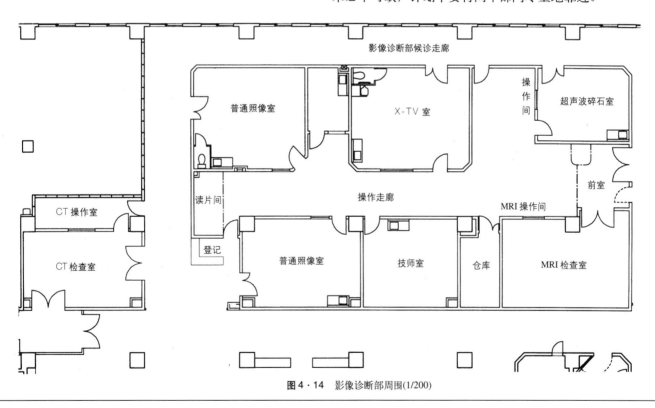

图4·14　影像诊断部周围(1/200)

影像诊断部
以前曾称为"放射线诊断部"，由于将不使用放射线的检查(MRI等)也包括在此范围内，所以改为上述名称。但是作为医疗法上的诊疗科目，"放射线科"仍然存在，所以"放射线部"的名称依然多被使用。

为了使用X射线的检查室不向外泄漏X射线，需要在建筑上采取相应措施。

一般用于屏蔽X射线的方法是使用混凝土和铅。使用混凝土的场合，其厚度要达到15~20cm。另一方面，为了方便以后的改建，使用轻质间隔墙的做法也在增多。这种场合，是将厚度为1.5~2.0mm的铅板内贴在石膏装饰板上，具有与混凝土相同的屏蔽性能。进口的门扇上衬以与间隔墙同样的铅板；观察窗使用铅玻璃(也有的使用透明树脂玻璃)，确保达到隔墙标准要求的屏蔽性能。

另一方面，对使用磁力线的检查室(MRI等)，要有应对强磁场的措施。

强磁场会引起计算机的误动作和TV图像的变形以及心脏起搏器的动作不良，因而要参考检查设备制造厂家提供的强磁场分布图来决定照相室的大小，进行不让强磁场影响到照相室之外的计划。此外，不能确保层高的情况下，有时磁场会影响到上、下层。这种场合，照相室的上、下层要做仓库等使用，最好避开居室。

(b) 构　　　成

根据医院的规模、性质，所设置的检查设备的种类和数量而有各种类型，对此在(C)项中阐述。

影像诊断部的检查室除了超声波检查的场合之外，大多是由照相室和操作室构成。为了检查技师有效地活动，操作室设一个，在其一侧或两侧设照相室。这是被称为操作走廊方式的一般计划方法(图4·15)。

要求照相室内的设备布置对于操作走廊的观察窗不形成死角，也能让来自候诊侧的患者进出方便。尤其对于承载患者的床为活动式的检查设备(X射线TV、X射线CT、MRI)而言，因为检查技师同时照相和操纵活动床，为了确保患者的安全和高精度的检查，从操作走廊观察的视野极其重要。

检查室和操作室需要用操作用、电源用电缆连接，为了使其不暴露在地面上，通常设电缆槽。一般预先计划将影像诊断部的全部地面板下降150~250mm。

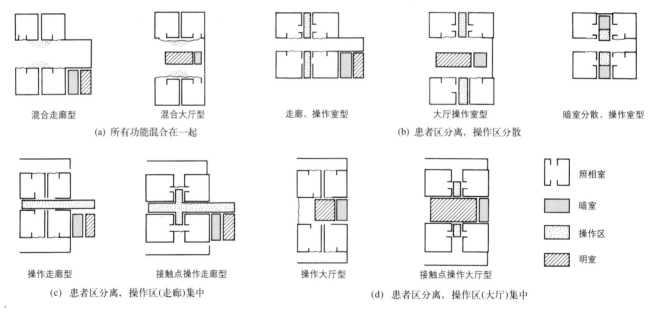

图4·15　影像诊断部的平面构成

X射线的屏蔽
实际上，产生的X射线的剂量因设备而异，所以关于屏蔽材料的厚度，要事先与生产厂家协调。医生和放射线技师长时间工作的房间(读片室、准备室、操作室等)紧邻照相室的场合，有时要增加屏蔽量。

X射线TV
在有效时间将X射线产生的透视影像显示在TV监控器上的装置。多用于胃的诊断。患者喝了造影剂(氢氧化钡)之后再进行胃、食道等的检查。除此之外，也多用于大肠和泌尿器官的检查。

X射线CT
Computed Tomography(计算机断层照相装置)的简称。X射线发生装置在人体周围旋转，用计算机连续解析透射X射线的强度，从而获得剖面影像。近来"螺旋扫描式"成为主流。该方式是边使装置旋转，边使床定速移动，从而获得螺旋状的连续数据。

以操作走廊为中心构成的区域的周围成为患者的候诊区，使操作走廊的一端面对候诊区，设置检查登记和检查技师的进口。其他如暗室、读片室、操作室、器材保管库、技师准备室等，应尽量地放置到紧邻操作走廊的房间，或作为角落设计。

关于超声波检查室，即便在设置专门检查室的场合，也并不集中化，而是分散配置在需要进行检查的各科诊察室的旁边。因此，对于超声波检查室的运用方法、设置位置，需要与发包方进行确认。

(c) 各室的设计

① 普通照相室

X射线照相室的使用频率最高。为了在各种部位和角度进行照相，要在天花板上设置井字形的导轨，X射线管吊在上面，提高其应用程度。在广泛使用的场合，照相室的大小需在4m×5m左右，天花板高度应确保2.8m左右。在大型医院，有的根据照相部位设置各种专用的照相室。例如，立位的胸部照相的场合，能计划为2m见方，天花板高度也与普通房间相同(2.4~2.6m)。

② X射线TV照相室(图4·17)

因为该照相室的检查设备中，床和X射线管一起旋转，所以根据其运动范围决定照相室的大小和天花板高度。其大小最小需要3m×4m；住院患者躺在病床上进室的场合，大小各4.5m×5m左右。天花板高度最低确保2.5m以上。

灌肠检查和内窥镜检查的场合，要同时设置更换检查服的更衣室(如可能，设多个)和洗肠用的厕所。由于进行与大肠有关的检查时，会产生便臭，所以要求空调的换气能力与厕所相同。

③ X射线CT室(图4·18)

CT由被称为主体的起重机架和前后移动的床组成。主体部分的重量达到1.5~5t，在结构计划上，需考虑为集中荷载。此外，照相室的大小最低为4m×5m左右，考虑到病床运送的情况，要各加大1m。

④ 循环器官照相室

该照相室不单是检查，还用于治疗目的。此时由于进行近于手术的医疗行为，所以要求高的空气清洁度。为此，循环器官照相室不设在影像诊断部，而设在手术部内的例子颇为多见。此外，由于有很多工作人员在室内进行操作，所以需要7m×8m的宽阔空间，天花板高度也要达到2.8~3m。

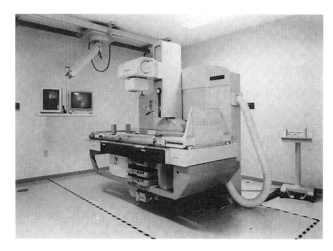

图4·16 X射线TV照相室

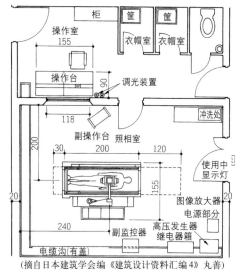

(摘自日本建筑学会编《建筑设计资料汇编4》丸善)

图4·17 X射线照像室配置图

使用频率和检查时间

普通照相室的使用频率虽然高，但是位置确定后，照相在瞬间即能完成，1个人需要的时间为2~5分钟。X射线TV要让患者喝造影剂后进行多次照相，检查时间需要5~10分钟，频率也较高。X射线CT检查需要15分钟左右，MRI检查需要30分钟左右，但是件数不如X射线TV多。

更衣室的设置

不仅限于影像诊断部，只要是高频率地使用的检查室需要患者脱衣、更衣的场合，应当尽量地设置多个更衣室、更衣间，以便结束检查和即将检查的患者顺利地交替，不浪费时间。

循环器官照相

也称为血管造影。在患者的血管内注入造影剂，用X射线视察血流、照相。将导管插入血管，在用球囊将血管的狭窄部分扩张开，或者将不张开的心脏瓣膜切开等的治疗中，必定同时使用该种照相。

⑤ 其他放射线检查室

进行得较多的检查还可举出乳房X射线照相检查和骨密度测定。

乳房X射线照相用于乳腺的检查，照相的姿势为立位，设备也很紧凑。设置专用室的场合，2m见方即可。大部分情况是与普通照相室合用。但是这种检查必须保护女性患者的隐私。

骨密度测定也称骨盐定量测定(DEXA)，是用X射线测量骨内的含钙量。多用于老年人和年轻女性骨质疏松症的诊断。测定室需要3m×4m左右，天花板高度与普通房间相同(2.4m~2.6m)即可。

⑥ 操作室和暗室

将操作室计划为"操作走廊(图4·19)的场合，照相室在一侧时，要确保走廊宽度为2.0~2.2m；照相室在两侧时，要确保走廊宽度为2.7m~3.0m。各照相室要有话筒、喇叭和调光器。调光器和话筒设置在观察窗附近。

在暗室内设置自动显影机和工作台。要考虑挡光、换气和显影废液的储存方法。随着数字化、干片(不使用显影液的胶片)化的发展，在最近的将来，不需要暗室的可能性极大。

⑦ MRI检查室

MRI的主体由磁铁和传感器构成。小型MRI主要使用常导线圈和永久磁铁，大型MRI使用超导线圈。小型(0.3~0.5特斯拉)设备主体重量为3~5t，大型(1.0~1.5特斯拉)设备主体重量为5~10t。与CT相同，需要结构应对集中荷载。此外，由于设备难以分解成小件，并且重量大，所以要事先研究运进的路线。

包括解析用计算机室在内的照相室的大小在小型设备的场合为5m×7m，在大型设备的场合为6m×9m；在其中间放置MRI主体。天花板高度为2.8~3m。在照相室，为了提高传感器的精度，要进行电波屏蔽。进口门扇也要进行屏蔽。此外，配线要通过滤波盒与操作室连接。

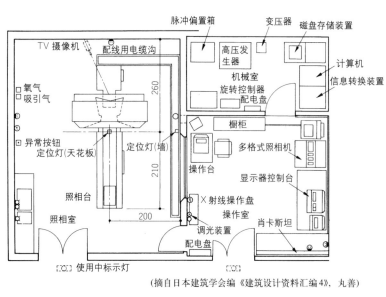

图4·18 X射线CT照相室配置图

图4·19 操作走廊

数字化

X射线影像的数字化技术在近年来的发展极为显著，正在开发配备数字X射线照相机的设备和不用胶片的光磁盘记录装置等。

MRI的结构

将人体置于强静磁场中，使结构分子的方向朝向一个方向，边施加倾斜磁场，边照射弱高频。然后用传感器捕捉分子放出的能量，经过影像处理而获得人体组织的剖面影像的系统(参看P.31)。

特斯拉

表示磁场强度(磁通密度)的单位。MRI中的1特斯拉、1.5特斯拉的称呼是表示静磁场的强度。在其下的单位还有磁铁治疗器使用的"高斯"，1特斯拉=10000高斯。

⑧ 超声波检查室

也称超声室。除了消化系统的腹部超声波、循环系统的心脏超声波(心超声)之外，也用于妇产科和泌尿科。

检查室的大小设定为3m×3m左右；除了检查机器之外，还设置诊察台和自动显影机；由于心脏超声波要进行录像拍摄，所以还需要AV架。此外，为了容易观看监察器，还要设置遮光帘和身边的照明开关。

(2) 内窥镜检查部

(a) 功能、规模

将总称为内窥镜的光纤维制的柔软的管状器具插入消化道等部位，用肉眼进行检查。因为有时要使用X射线TV装置，所以要计划将内窥镜检查部和X射线TV室(影像诊断部)放在相邻的位置，或尽量近的位置。

在消化系统的专科医院，即便其规模小，也要具备2~3个内窥镜室和专用的X射线TV室等，面积有的超过150m²。在规模大的医院，有的只具备2个内窥镜室，面积在100m²以内。这种设置计划也不一定与医院的规模成正比。

(b) 构　成

至少由检查室和恢复室两个室构成。其他还设置洗肠等前处置室、厕所和更衣室等(图4·20)。

(c) 各室的设计

① 检　查　室

在中间设诊察台(多为电动)，其周围设内窥镜的收纳空间和浸泡用的水槽、自动清洗机、录像架等。至于检查室的大小，开间为3~4m，进深为4.5~6m。根据情况有所出入，但是如上所述，需要设置的器械颇多，所以要确保足够的大小。

② 恢　复　室

用于接受局部麻醉的患者恢复到正常状况的休息。1个检查室备两张床(诊察台也可)，用密封帘隔开。为防万一，还需备有医疗气体配管(氧气、吸引)。

(3) 生理功能检查部

(a) 功能、规模、构成

借助各种传感器对人体的活动水平进行量的测定检查。多在门诊诊察的过程中进行检查(尤其是心电图)，最好设置在邻近门诊部、容易看见的位置。此外，为了方便少数住院患者的检查，进口和通道的宽度的设计要顾及到病床的运送。

关于检查室的构成，计划中等规模的医院设心电图2~3处，踏板/动态心电图各1处，呼吸功能1处，脑电波1~2处。在此基础上再考虑技师的操作空间，进而决定其规模。

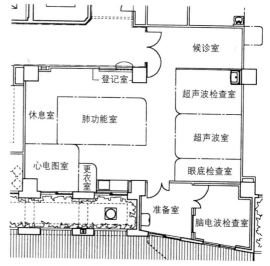

图4·20　内窥镜检查室周围(1/200)

图4·21　生理功能检查室(1/200)

超声波检查的属性

超声波检查在运用上有的属于放射线科(影像诊断部)，有的属于临床检查科(生理功能检查部)，有的还分散配置在需要进一步检查的各科。在本书中将其与X射线、MRI同样对待，包括在影像诊断部。

内窥镜的种类

使用内窥镜的检查有多种多样。最多的是俗称"胃照相机"的检查，其次是大肠检查。其他还有气道镜(呼吸器官)、膀胱镜(泌尿器官)等。

借助内窥镜的治疗

对于生长在消化肠道内壁上的息肉、小的肿瘤等，不进行开腹手术，而是使用安装在内窥镜上的器具进行切除。将其称为内窥镜下切除术。由于患者能在短期出院，所以消化系统治疗水平高的医院多进行这种手术。

(b) 各室的设计

① 心电图室(图 4·22)

心电图的测定是在安静状态下进行，但是马斯特心电图是在将马斯特台(立脚阶)以一定次数升降的状态下测定。因此，设定用密封帘包围的小屋的大小为 2m × 2.5m 左右，设置心电仪、诊察台和马斯特台。不进行马斯特心电图测定的场合，1.3m × 2m 即可。

② 踏板心电图室

在安装扶手的皮带机上让患者进行步行运动，测定此时的心电图。该室大小为 3m × 4m 左右。

③ 动态心电图室

所需大小为 2.5m × 3m 左右，放置动态心电图解析机、装载用的椅子或诊察台、心电仪的收纳架等。将心电图室的一角用帘隔开即可。

④ 呼吸功能检查室

呼吸功能检查的主要内容是测定肺活量。以门诊患者为主体，接受手术的住院患者也是测定对象。

在使用肺活量计时，技师需要向患者大声喊话，因而会妨碍睡眠脑电波的测定。所以要尽量地远离脑电波室。

⑤ 脑电波室(图 4·23)

测定脑神经发生的微弱生物电流的检查，有时会受到外界电波的影响。在脑电波仪上虽然采取了防干扰措施，但是为了获得更完整的数据，需要在脑电波室进行电波屏蔽。

测定从外(测定室)进行，在两室之间设观察窗和门。面向外界走廊另外设门；有时针对使用病床运送的住院患者能够直接进出而进行相应的计划。照明要可调；为保持安静，要考虑隔音。

(摘自日本建筑学会编《建筑设计资料汇编 4》丸善)

图 4·22 心电图检查室配置图

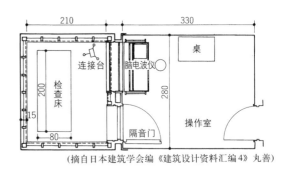

(摘自日本建筑学会编《建筑设计资料汇编 4》丸善)

图 4·23 脑电波检查室配置图

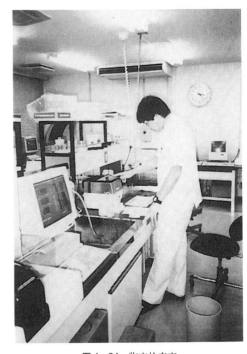

图 4·24 临床检查室

心电图检查

利用肌肉活动产生微小生物电流的原理，通过安装的电极对心脏周围的胸部一带和脚腕的电位差的变化进行测定、绘图，诊断心脏(心肌)的活动状态的检查。脑电波检查和肌电图也是同样的原理。

电波屏蔽结构

将房屋周围用导电性高的材料无间隙地笼置住，吸收来自外界的电磁波能量，借助接地进入大地。主要使用铜箔、铜网；在进口门(多为不锈钢制)的四周也用铜或铍制的连续接点紧密地附着在门框上。

(4) 临床检查部(标本检查部)

(a) 功能、规模、构成

以从人体采取的血液、分泌物、组织、排泄物等为对象,进行检查。主要的检查项目如表4·2所示,其中细菌检查和病理检查(☆号)另设房间进行,该房间设置在不直接面向走廊的位置。其他检查作为临床检查室,多集中在一个房间内。

关于一般、血液、生化、血清的各种检查,将急迫性小的检查委托给当地检查中心等进行的事例也颇为多见。反之,需要在医院内进行的检查,要求速度快,因而不断地实现自动化、简易化。

血液和尿占标本的多数,在各病房从住院患者那里采取之后,由工作人员或传递设备送到临床检查室。另一方面,对于门诊患者,需要将采血、采尿的场所设在门诊部,但是在中小规模的医院,采血是在内科的门诊处置室进行,采尿是利用门诊的厕所,多数不设专用房间。在计划上,采取标本的场所要与临床检查室相邻,在不相邻的场合也要控制传递距离,也要研究机械传递的手段。

关于临床检查部的规模,在小规模医院为30m² 左右,在中等规模医院为50~100m²左右。由于对外委托率和运营方式不同,有相当的波动,可以讲这是初步设定中比较困难的设置。

(b) 各室的设计

① 临床检查室

该检查室的大部分被全自动检查仪器和计算机的设置空间所占据。需要很多电源,有的场合给排水直接与检查仪器连接。另外,由于标本中包括尿和粪便,所以要考虑换气和污物处理。

② 细菌检查室

在培养细菌过程中,由于会发生相当强烈的臭气,所以需要有充分的换气。此外,除了恒温库和显微镜,还有对使用后的培养基和器皿进行灭菌的小型灭菌机等;这些设备需要很多电源。计划中,检查室不要直接面向走廊。

③ 采尿室

如前所述,采尿室与门诊厕所合用的情况颇多。通道部分和临床检查室相邻,用隔墙板围成采尿棚。采尿棚的两侧设半透明玻璃的推拉门,高度为950~1050mm左右,以便于尿杯的取出放入,确认棚内情况。隔墙板采用不锈钢或聚酯胶合板制成,便于清扫。

表4·2 临床检查(标本检查)的内容和特点

种类	内容
一般检查	尿、粪便的检查
血液检查	血型、血球数、白血球形态、血沉的检查
生化检查	以血液成分的分析为主的检查
血清检查	使用血液中的血清的免疫学检查
☆细菌检查	借助显微镜或使用培养基的培养,从标本检测病原菌的检查
☆病理检查	对于经过手术、解剖切除的人体组织的组织学的检查

资料:中山茂树等《日本建筑学会计划系论文报告集》

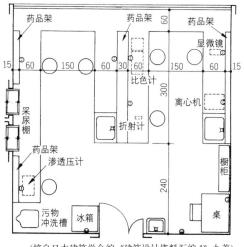

(摘自日本建筑学会编《建筑设计资料汇编4》丸善)

图4·25 临床检查室

自动分析仪

大多数中等规模以上的医院都引进了该仪器,使大部分生化检查实现了自动化。另一方面,小规模医院趋于向外委托,标本送到检查中心后,也多是借助大型检查仪器进行分析。

血液气体分析

测定采自患者的血液中所含的各种气体的成分、浓度。采血后经过一段时间,气体成分游离,不能进行正确测定,所以这种分析的紧迫性大。虽然血液是检查的对象,但是属于呼吸功能检查的一环,因而归为生理功能检查。

(5) 手术部

(a) 功能、规模

手术部是各科的共同设施，与各部门都有联系，尤其是ICU(重症监护室)，集中了手术后需要观察的患者，所以计划中最好将其放在靠近手术部的位置。此外，由于手术部消耗大量的灭菌器材，因而与管理这些器材的中央材料部的关系密切，需要将两个部门相邻布置，或者借助机械传递(小型升降机)直接连接。

手术部的规模根据手术室的数目而定。一般而言，在以内科为主的医院，每80张病床设1个手术室；在以外科为主的医院，每60张病床设1个手术室。但是根据医院的规模和专业性，在设定上也有伸缩性；有的情况下，将特定的科目或某个部位的手术室设置得多一些。

作为对于手术部的清洁管理的设施方面的考虑，利用空调设备提高空气清洁度当然是第一位，但是另一方面，将整个手术部的进口集中到1处，没有过道的平面计划，对于抑制不洁空气的侵入，容易控制人、物的进出也极为重要。此外，考虑到万一出现水管漏水的事故，在计划中，不要将大量用水的房间置于手术室的正上方。

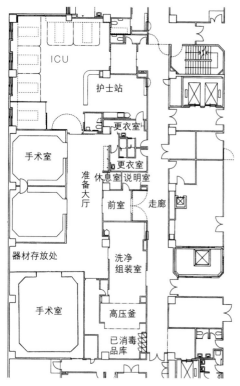

图4·26 手术室周围(1/400)

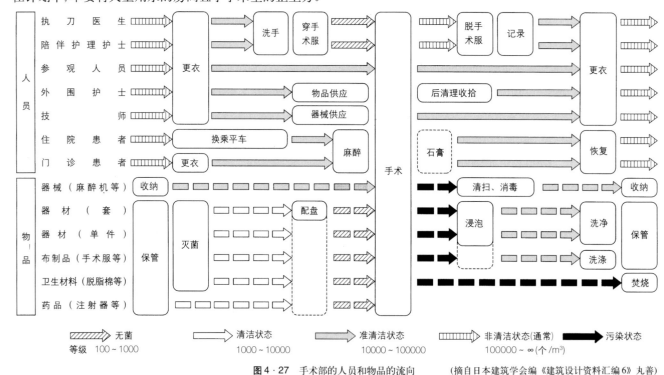

图4·27 手术部的人员和物品的流向 (摘自日本建筑学会编《建筑设计资料汇编6》丸善)

防漏水措施

在手术室的上方有使用水的场所时，由于有很多的给排水管道穿过，为了保护手术用的设备，需要采取防漏水措施。通常，在正上方的楼板上对管道进行处理，或者用防水盘支承地板下的管道。

(b) 构　　成

除手术室之外，最低限度也需要更衣室和器材库。进而言之，根据规模和运用方法，需要待命室、家属等候室、说明室(心理治疗室)、恢复场所、护士站(手术部办公室)和病理标本切出室等房间。此外，因为麻醉医生负责手术部的管理，所以计划中将麻醉科的医生办公室包括在手术部内的情况颇多；在"影像诊断部"的叙述中涉及到的循环器官照像室因其性质有时也放在手术部。

关于手术部的平面设计有各种提案，共同之点是对清洁管理的考虑方法。基本上是从进口向深处配置需要更高清洁度的房间(图4·27)。

在日本采用多的平面图形是图4·29所示的①～④的类型。在中小规模的医院，从面积利用率的观点多选用①或②的类型。但是这种场合，清洁器材与污染物在同一通道进出。需要进行更严格的清洁管理的场合，应当选用③或④的类型。

关于手术部的空调计划也有很多提案。计划中，原则上手术室为正压，以防止从外界流入污染空气。但是在为感染症患者进行手术时，反而会招至细菌的扩散。为此，有时设定1个呈负压的手术室。

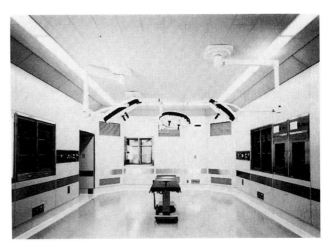

图4·28　手术室

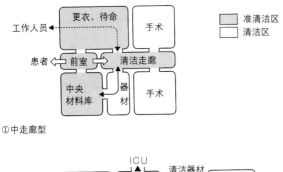

①中走廊型

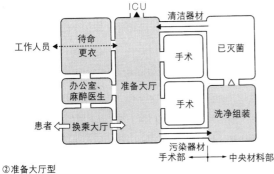

②准备大厅型

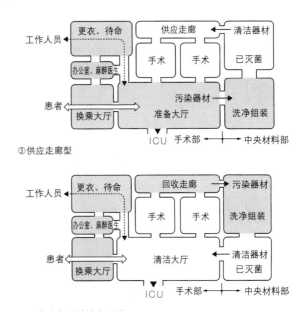

③供应走廊型

④回收走廊型(清洁大厅型)

图4·29　手术部的平面构成例子

门诊手术室

也称当日回家手术室。在外科、皮肤科、耳鼻科和眼科等，用于进行无需住院的小手术的单独手术室。同时设等候室、更衣室、准备室、恢复室等。与通常的手术室不同，该室设在与门诊相邻的位置，或者即便与手术部相邻，也另外设进口。

"层流"和"紊流"

手术室空调的吹出方式有3种。即自整个天花板吹出，从四面侧墙下方吸入的垂直层流方式；自整个一面侧墙吹出，从整个对面侧墙吸进的水平层流方式；自四面侧墙上方吹出，在室内上方合流，从侧墙下方吸进的紊流方式。垂直层流方式最为理想，但是实际上在室内的清洁度并无明显差别，因此如果是一般的手术室，选用哪种方式都无妨碍。

(c) 各室的设计

① 换乘大厅

在手术部的进口设置前室。将此称为换乘大厅，用病床运送来的患者在此处从病区进入手术部。此处有时会成为病床的等待空间，所以设定时以留有一定的富裕为宜。

② 准备大厅（中央大厅/清洁大厅）

在不同的平面计划中，对此有各种称呼，是指在换乘大厅与手术室之间设置的第二前室。在此处除了工作人员洗手和整理器材之外，多放置药品架、手提式X射线设备、紧急检查用的设备（血液气体分析机和离心分离机等）。因此在计划中，要确保大厅的开间有足够的大小，以方便患者和工作人员的进出。

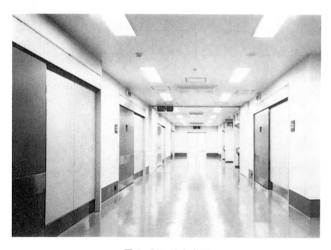

图4·30 准备大厅

③ 手术室

手术室因科别和手术部位不同在大小和性能方面存在许多变化（参看表4·3）。但是在中小规模的医院，除了专科性高的场合之外，多数情况是共用一般性能的手术室。

在医院内，手术室是需要最高清洁度的场所。为此，在内部装修上要采用适宜保持清洁的材料和维护方法。

地面和墙体采用容易擦拭的光滑材料，在接缝上进行焊接或密封等防污性、密闭性高的处理。

④ 器材库

为存放使用频率较低的器材等而设置。但是在图4·29的③、④所示的清洁、非清洁分离的计划中，清洁的大厅、走廊兼作器材库的情况颇多。

⑤ 更衣室

将进口设在外部，将出口设在面对准备大厅的位置，最好同时设置厕所和淋浴室。

在大规模的医院，为了准备夜间的紧急手术等，手术部的工作人员有时要值班到深夜。为此在能够进出更衣室的位置设待命室，确保休息和夜餐空间的例子也颇为多见。

⑥ 护士站（手术部办公室）

设在面向准备大厅和换乘大厅的位置。管理护理人员，进行手术的预约登记等。有的也设在准备大厅的一角。在手术室数目少的小规模医院，有的也省略不设。

表4·3 手术室的种类

用途	手术室的大小	清洁度等级	温度	湿度	压差	天花板高度（推荐值）	备注
一般	25～40 m²	100 000～10 000	25±5℃	55±5%	正压	2.8～3.0m	
骨科、脑外科	25～40 m²	10 000～100	25±5℃	55±5%	正压	2.8～3.2m	●骨科的人工关节手术、脑神经外科的开颅手术需要高清洁度。
循环器官	40～55 m²	10 000～1 000	15～17℃	55±5%	正压	3.0～3.4m	●心脏手术一面用冰冷却心脏，抑制活动，一面进行，因而设定低室温。
泌尿器官	25～40 m²	100 000～10 000	25±5℃	55±5%	正压	2.8～3.0m	●需要地面排水。
感染症	25～40 m²	100 000～10 000	25±5℃	55±5%	负压	2.8～3.0m	

手术洗手

与手术有关的工作人员在更换手术服和鞋之后洗手。使用消毒皂或加入聚烯吡酮碘的液体皂一直洗到肩头，用灭菌水漱口。灭菌水过滤器、自动（脚踏式水阀门）洗手器已经商品化。

手术室的设备

在墙面上设置保冷库、保热库、冷冻库、药品库、器材架、肖卡斯坦（用于观察X射线等放射线透视照相的器具）、胶片架和手术用钟表等。在天花板上除了设置无影灯之外，有的还装设能连接电源、医疗气体等的"顶柱"和脑神经外科、骨科用的手术显微镜。

⑦ 恢复角(苏醒角)

对手术后的患者从麻醉到苏醒的过程进行观察的场所。设在准备大厅的一角；如果设有麻醉医生的休息室，则将其与该室相邻设置。有的医院不设恢复角，患者被直接从手术室送到ICU、CCU。这种场合要有麻醉医生同行。

⑧ 家属休息室

不是设在手术部里的房间，而是设在进口或说明室的附近，供接受手术的患者的家属使用。因为有时需等待很长时间，所以对居住性加以充分考虑，要有一个明快的室内环境。而且最好在附近容易明了的位置能够安装公用电话。

(6) 分娩部

(a) 功能、规模

在计划中，多将医院内的分娩部与妇产科病区配置在一起；在运用上也多由妇产科病区的护理组管理。此外，由于与手术部的关系密切，最好设在能够迅速进入该部的位置。

(b) 构　　成

由待产室、分娩室、处置室、新生儿室、哺乳室和淋浴室构成；在很多场合，将各室设在妇产科病区的护士站的后面。此外，在治疗不育症的医院，与各室一起还设置人工授精室。

分娩时，产妇的移动的顺序是病房→待产室→分娩室→病房，新生儿的移动顺序是分娩室→处置室→沐浴室→新生儿室。按照这个概念进行配置计划。哺乳室最好与新生儿室相邻，也能从产科病区进入该室。

要考虑到分娩部的各室能够同时适应多名产妇的分娩情况。在这种场合，多见将2个以上的分娩床置于同一室内，但是近来产妇丈夫在分娩时也在场的事例增多，所以要尽可能将待产室在内部设定为单床病房。

近来屡屡可见引进称之为LDR的新观念的例子，然而真正设置LDR室的情况只是少数。随着少生育时代的到来，医院之间的竞争日渐激烈，其中LDR作为有成效的服务之一，会在今后广泛普及。

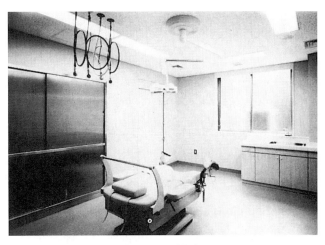

图4·31　分娩室

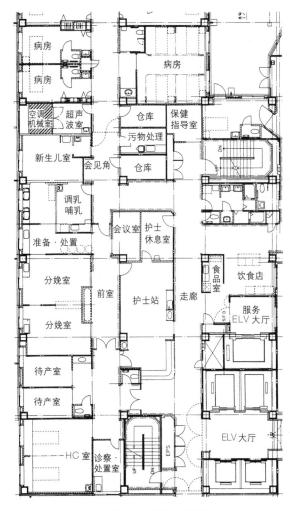

图4·32　分娩部的计划(1/300)

手术室的环境

在装饰的色彩方面，最好采用与血液颜色有补色关系的绿色，但是近来将工作人员的居住性放在优先位置，因而选用暖色系的例子正在增多。此外，工作人员长时间地工作，十分紧张，因而有的场合希望有BGM设备。

妇产医院的分娩部

由于青年人口的减少和少生育化，围绕妇产医院的环境越来越严格。各医院都在内部装饰、伙食和附带服务上下功夫，以吸引产妇及其家属的注意力。有的医院的分娩部，设置了诸如水中分娩设备这样的特殊设备，将其作为必需的设备。

LDR

Labor(待产)～Delivery(分娩)～Recovery(恢复)的简称。这是将生产的整个过程在不让产妇移动的情况于病房内完成的思考方法。虽然要装置专用器材、无影灯等，但是要力求感觉不到这些设备存在的居住性高的空间设计。

(c) 各室的设计

① 待产室

开始阵痛的产妇直到生产之前所在的场所。近来设置多个单人房间的例子正在增加。个人房间以3m×4m的大小为宜；由于所在的时间长，要同时设置厕所和洗脸池等。

② 分娩室(图4·34)

设置分娩台、器材架和操作台。每个分娩台最小需要4m×5.5m的空间。虽然不像手术室那样，但是也要求一定程度的清洁管理。地面和墙的装修材料选用接缝少、容易清扫的种类。另一方面，为了缓和产妇心理上的不安感，对于房间的色彩和照明，要注意尽量使产妇感到温馨和谐。

③ 新生儿室

一般而言，其大小应为新生儿数×2.5m²左右。与连接产科病区走廊的会见角相邻；镶上玻璃，便于一目了然。为防止感染，一定要设置洗手池。

(7) 康复锻炼部

(a) 功能、规模

康复锻炼是表4·4所示的各种治疗方法的总称。使用与投药和手术不同的物理手段进行连续训练，以达到恢复人体各部位原有的功能的目的。在中小规模的一般病区，多数仅进行其中的理学疗法；其具备疗养型病床群的医院或规模大的医院，进行ADL作业疗法，语言疗法的例子颇多。设施内容和规模因包含的康复训练项目而有很大差别。因此，在计划康复锻炼部的初期阶段就要对该医院的专科性和运营方针加以确认。

关于康复锻炼部的设施规模，作为诊疗报酬上的等级设定，有具体的指标(配置人员的构成、人数、设施面积、设置器械、治疗内容等)。通常选择其中一个后，其大致内容即被确定下来，如表4·5所示。

此外，在老人保健设施中，功能训练康复室的面积要确保1个人有1m²。在医院内设立的场合，允许将该室并入医院的理学疗法室(但是要将面积加在一起)。合并后能提高运营效率。

(b) 构成

理学疗法的设施由三部分构成。即使用辅助器具和垫子等的运动疗法，使用热包温暖患处、使用钢丝牵引治疗的物理疗法和使用热水或涡流松弛肌肉、利用浮力进行低负荷运动等的水中疗法。

图4·33 LDR室

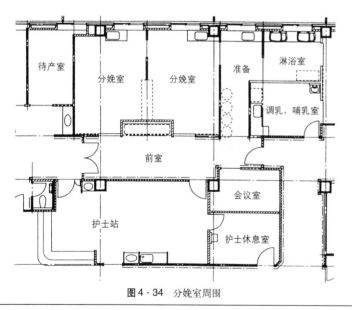

图4·34 分娩室周围

LD

不像LDR那样，安排在病房生产，而是将待产室和分娩室放在一起，以减少产妇的移动，将此称为LD室。与通常的分娩室一样，需要设置多个LD室。作为设备，是在分娩室附带厕所和洗脸池。

门诊、病区和康复锻炼的关系

去康复锻炼部的患者多数来自骨科门诊或住院病房。很多患者的行动极为困难，在进行配置计划时，要将该部设在距离门诊和电梯不太远的位置。

表4·4 康复锻炼部的主要内容和特点

种 类	目 的	手 段
理学疗法	基本动作能力的恢复	运动训练和电刺激、按摩、温热等的物理治疗
作业疗法	应用的动作能力、社会适应能力的恢复	工艺、手工、各种游戏、小组活动等
日常生活动作训练(ADL)	自律生活能力的恢复	日常生活动作的训练、评价 出院后的住宅改善的研究

表4·5 设施规模指标

名 称	规 模
综合康复锻炼设施(理学疗法I+作业疗法I)	理学疗法300m² 以上+作业疗法100m² 以上
理学疗法Ⅱ	100m² 以上
理学疗法Ⅲ	45m² 以上
作业疗法Ⅱ	75m² 以上

根据厚生大臣规定的设施基准(1994年8月5日厚生省告示第244号)附件

在康复锻炼部的设施规模较大的场合,有的设置不同的专用室,在中小规模的医院则多集中在一个房间。同样,对作业疗法或ADL也集中在大房间,将每种作业内容分别安排在开放的小区域内进行的例子也颇为多见。

与上述设施相邻,设有PT(理学疗法士)或OT(作业疗法士)的休息室、会议室(角落也可)、器材库、厕所等。此外,室外步行训练也很重要,在平面设计中要确保面对设施的室外康复锻炼空间。

(c) 各室的设计

① 理学疗法室

对于运动疗法而言,要确保室内有10m的直线距离,以满足步行训练的需求。此外,有很多训练器具要安装在墙面上,确定位置之后,对墙体进行足够的加固。地面铺上缓冲性高的材料,以备患者不慎跌倒。

物理疗法的器具使用电热或动力,所以需要大电容。由于发热量也大,因而要有十分富裕的空调、换气能力。

水中治疗法要同时设更衣室。地面使用防滑、容易维修的材料装修,并设排水沟。此外要具备换气设备。

② ADL室

为了进行日常生活的模仿,设置厨房水槽、饭桌、便器、日式房间等各种住宅设备的模型。其中有的高度可以变化。用这些来研究回归家庭的患者最容易使用的环境。因为家属同时在场的情况颇多,所以要确保房间有足够的大小,以便宽敞地配置各种设施。

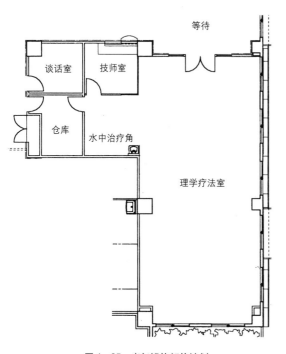

图4·35 康复锻炼部的计划

图4·36 康复锻炼室

ADL

Activities of Daily Living的简称,见本节叙述。

PT 和 OT

分别为Physical Therapist(理学疗法士)和Occupational Therapist(作业疗法士)的简称。此外,语言疗法士称为ST(Speech Therapist)。

特殊康复锻炼

温热疗法通常使热袋,有时也使用将微波正对患部的加热装置,其原理与微波炉一样。此外,建在温泉地区的医院用温泉代替水中疗法,建在沿海的医院利用海水进行"海洋疗法"的例子也可见到。

4·3 住院部

4·3·1 住院部的特点

(1) 功 能

对于住院患者而言,住院部是其度过一天中大部分时光的场所。毋庸赘言,作为医院的一个设施,应该为患者提供有效的诊疗和护理服务,但是也必须尽最大努力为患者创造高品质、舒适的环境。

作为设定病区面积的指标是1张病床所需的病区面积。图4·37表示1980~1990年1张病床的病区面积的分布情况。以1993年前后为界,可以看到民营医院以前是12~18m²/床,而现在则超过20m²/床。

这种情况与厚生省执行的3个政策有密切关系。这3个政策是"差额病床比规定的放宽"、"医疗设施现代化设施整备工作"和"疗养环境增算的设立"。

由于上述政策的实施,疗养环境的改善渐渐地进行,但是目前尚处于过渡期,需要密切关注今后的变化。

(2) 构 成

由护理工作人员小组和接受该小组护理的患者构成的运营单位称为"护理单位",包容该单位的设施单位称为病区,除了ICU、CCU那样的需要精心护理的护理单

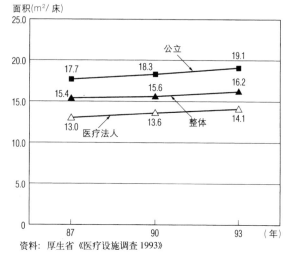

资料:厚生省《医疗设施调查1993》

图4·37 1张病床的病区面积的变化

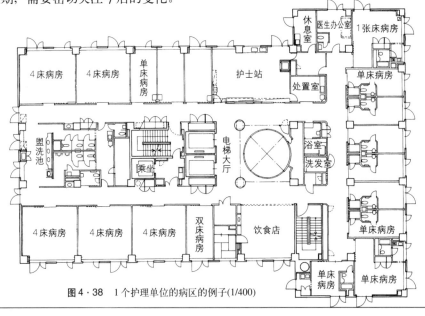

图4·38 1个护理单位的病区的例子(1/400)

医疗设施现代化设施配备工作

1993年开始的针对民营医院设施的翻建、增改建的国库补助制度。补助条件包括建成后经过30年以上,配备后1张床的病房面积在6.4m²以上(并且1张床的病区面积在18m²以上);在病床过剩的地区病床数减少10%等。

疗养环境增算

根据诊疗报酬分数表A002的2项,除了差额病房之外,1张床的病房面积平均在8m²以上,并且1张床的病房面积不足6.4m²的病房不存在的情况下,在住院环境费中对1张床每天可以增加200日元。

位，一般而言，1个护理单位的病床数大致在40～60张的情况颇多。

厚生省下达的指示是一般病区的病床约在60张以下。在各都道府县都有地方性的指示，如"40张床以上、55张床以下"，或"不足50张床"等。

在研究病区的构成时，通常以诊疗科别(内科、外科、骨科等)为基本出发点，一面考虑各科的患者数和必要的看护水平，一面又要平衡各看护单位的负荷。对于所需病床数不足1个护理单位的科，将两科以上合并设立"混合病区"。在中小规模的医院，所有病区都是"混合病区"的例子颇多存在。

4·3·2 住院部的计划

(1) 住院部计划的要点

(a) 护理单位数和形状

在大规模的医院，一个楼层包容两个护理单位的例子颇为多见；而在中小规模的医院将1个楼层作1个护理单位情况则很多。根据占地和低层部分的规模加以选择。

各种病区的形状如图4·40所示。其中的多走廊型是在南北向配置病房，在东西向有两个走廊将电梯、厕所等夹在中间，该形状是主流。另一种是口字型，环形走廊将电梯、厕所等围在当中，病房配置在走廊四周；其变形有三角型、菱型；这些形状在大规模医院的计划中屡被提出。

从前多见的中走廊型(在一个走廊的两侧配置病房)比多走廊型的护理流动线长，近来除了小规模医院之外，已鲜被采用。但是当一侧存在噪音发生源(高速公路、铁路等)的场合，或者只有一侧的景观非常好的场合，将住院患者的居住性放在优先于诊疗护理效率的地位，一侧集中配置病房，另一侧集中配置护士站和厕所等，采用中走廊型。

图4·39 护士站周围

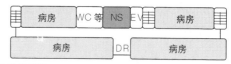
①中走廊型

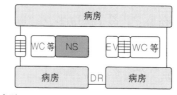
②多走廊型

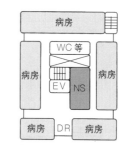
③口字型

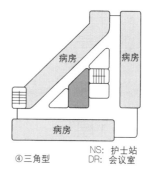
④三角型

NS：护士站
DR：会议室

图4·40 病房的形状(1个护理单位)

病区的形状和面积
多走廊型的计划有效地缩短护理流动线，但是如果病房数相同，在面积上以中走廊型更为紧凑。

(b) 病房的式样和跨距的设定

在医院的建筑计划中，作为要点的跨距在多数情况下由病房，尤其是多床病房的模数决定。

多病床病房主要是4床病房，对其有图4·41所示的提案。最标准的是(a)型，具有布局紧凑的特点。采用这种形式时，虽然相对的两张床的长度和通道宽度成为4床病房的开间，即跨距的决定因素，但是由于要设定通道宽度能使窗旁的病床移动到走廊，所以可以说床的尺寸决定开间方向的跨距。

医院用的病房的长度通常为2.1m，宽度为1.1m；设定通道宽度的最低限为1.2m；加上两张床的长度和隔墙厚度(100~150mm左右)，于是推导出5.6m的尺寸。这是跨距尺寸的最小界限。近来，在民营医院中多设定为5.8~6.2m；在公立、教学医院多设定为6.0~6.4m。

另一方面，作为新的尝试，有的提案是将4床病房的所有床都放置在窗旁。代表例子是(b)型。在该例子中，窗侧和走廊侧的跨距不同，需要复杂的结构计划。由于要增加建设成本，所以民营医院采用的例子尚少。从为患者服务的观点看，今后这样的例子会逐渐增加。

(c) 护士站的位置(图4·42)

护士站是医生、护理人员进行诊疗和护理的据点，同时也是交接物品和管理探视者的场所。因此要放置在靠近电梯、视野好的地方。此外，为了将护理流动线减少到最短而将护士站设在病区(护理单位)的中间的做法极为有效。

以往将护士站与病房一样沿外墙设置的情况颇多，近来则多是将护士站置于中间，将能够进行自然采光的沿外墙的大部分空间留给病房。

(d) 病房的配置

医院方将住院患者分配到各病房之际，多是将护理密度高的患者安排在靠近护士站的病房，以便进行高效的看护。将此做法称为病床的倾斜配置。

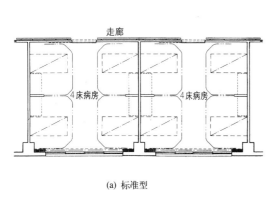
(a) 标准型

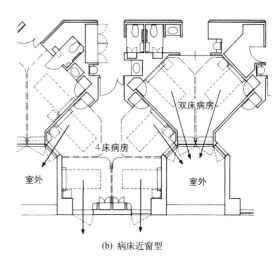
(b) 病床近窗型

图4·41 病房的式样

病房的采光

建筑基准法规定，病房必须是自然采光的房间，原则上禁止将病房设置在地下层。此外对于采光面也有严格要求，在通常的居室为地面面积有1/10，而病房要达到1/7。

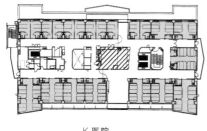

K医院

A医院

I医院

(a) 1个护理单位的场合

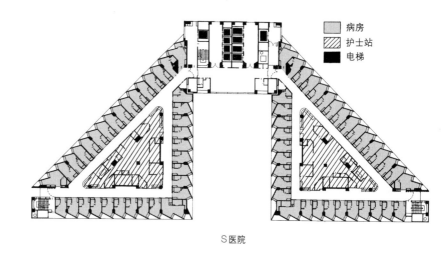

S医院

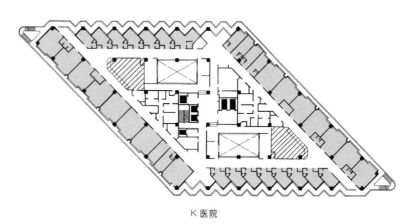

K医院

(b) 两个护理单位的场合

图4·42　护士站的位置(1/1000)

对于重症患者,要将专用的重症室(High Care Unit,简称HC)设在最靠近护士站的位置。HC不足的场合,或不设HC的场合,使用单床病房(称其为治疗单床病房)。为此,要将几个单床病房配置在护士站附近。

另一方面,单床病房要收取差额住院费,因而有的意见提出,应当将其放在安静度高的病区的端部,而将多床病房集中在病区的中间。由于越靠近护士站,安排的患者越多,所以同时也期待护理效率的提高。

进行能满足患者服务和护理效率两个方面的要求的病区计划十分困难,设计人员要根据这种要求与医院方进行调整。

(e) 生活设备的配置

住院患者离开病床的频率第一是上厕所,其次是气氛转换、洗脸、购物(医院设有商店的场合)、接受检查、洗澡。因此,与其对应的病区的生活设备能在多大程度上考虑患者的需求,就会极大地影响住院患者的满足度。

① 厕　　所

关于厕所的配置方法,除去单床病房之外,1个护理单位设1处。这种公共使用的集中型是到目前为止的主流。将使用水的场所集中在1处,可抑制设备成本,也容易进行清扫等的维护管理。但是增加了患者的步行距离,从患者服务的角度看,并非所望。

差额单床病房

正式的名称是"特别疗养环境室"。根据1988年3月的厚生省告示第53号第1项,对于1个房间的病床在4张以下,并且1张床占6.4m²以上的病房,在总病床数的50%以内,可以向患者收取特别费(住院费差额)。公立医院在25%以内。因此,也不一定针对单床病房,但一般多是以差额单床病房=单床病房进行计划。差额单床病房是由患者或家属等自由选择,因治疗上的原因而安排患者到单床病房的场合,医院不能收取特别费。

对此问题重新认识之后，从1980年开始以公立医院为中心，在各病房(包括多床病房)都设置厕所。称之为分散型。

分散型厕所在早期是设置在病房内，在多床病房的场合，使用时发生的声响会影响到其他患者，因而近来在多床病房的进口处设置的例子多起来。即便如此，也要确保隔墙的隔音性能(图4·43)。

在民营医院，这种分散型厕所的设计也正在普及，但是由于空间上的限制，有时并不理想，有的折衷方案提出2～4个病房设1个厕所。这种暂称为集中分散型的设置位置可以病房一侧，但是放在中间对设备成本有利，并且对声响传出的担心也少。

② 洗脸池

洗脸池的分散型设置比厕所要早，正在普及。患者对洗脸池的使用频率虽然比厕所少，但是近来为了预防MRSA等的感染症，护理人员希望每个病房、每个患者都有洗脸池并有效地利用。

③ 浴室等

由于浴槽的使用仅限于一部分恢复期的患者，所以浴室的使用频率并不很高。一个病区设一个浴室就已经足够。另一方面，淋浴是很多患者都要使用的方式，所以另外设置多个淋浴室的例子不断增加。进而言之，大部分患者都要洗发，所以洗发器的设置也必不可少。需要充分平衡地设置上述设备(图4·44)，以便患者的住院生活能尽量清洁、舒适。

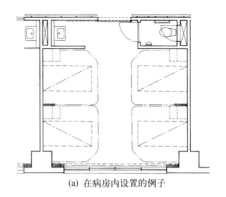
(a) 在病房内设置的例子

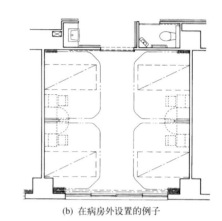
(b) 在病房外设置的例子

图4·43 分散型厕所、洗脸池的计划例子(1/150)

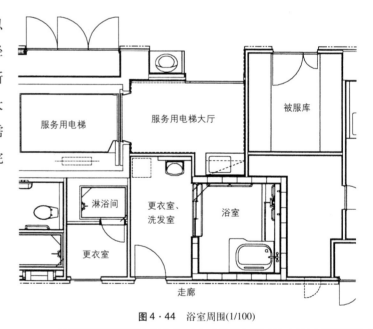

图4·44 浴室周围(1/100)

MRSA

Methicillin-Resistant Staphylococcus Aureous(耐甲氧苯青霉素黄色葡萄球菌)的简称。"甲氧青霉素"是第二代抗生物质的一种。该菌引起接触感染和以空气为媒介的飞沫感染。由于一般的抗生物质无效，所以抵抗力弱的术后患者、老人和婴幼儿等被感染时，死亡率高。

擦拭

对于包括淋浴在内都不能使用的患者，护理人员将载有盛装热水的脸盆和毛巾的小车推到病床前，为患者擦拭身体，进行保洁。

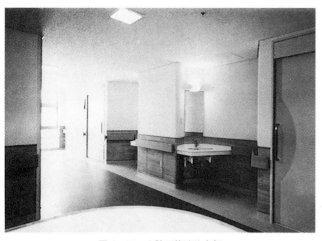

图4·45 分散型的洗脸空间

④ 饮食店

饮食店(谈话角)是为转换气氛而设的场所。1个病区至少1处,尽量设在眺望角度好的位置。不仅仅是设置一个这样的场所,还要考虑在每一楼层改变其位置,改变眺望角度,或者变化室内装饰,以增加住院患者的选择余地。

(f) 各个护理用室的配置

在病区除了护士站之外,也设会议室、污物处理室、器材库、被服库等护理人员使用的房间。

要设想会议室有广泛的用途,如护理人员的会商、学习,对患者、家属进行说明、商谈,实习学生的教育等。此外,也有时用于护理人员的休息,但是考虑到使用频率,也有另设休息室的情况。

污物处理室是处理大、小便器和粪便和对便器进行消毒的房间,也进行留尿后的尿量测定。厕所为集中式的场合,一般将污物处理室与其相邻设置。厕所为分散式或集中分散式的场合,污物处理室单独设置。留尿袋多由患者本人带着。此外,因为大便器有臭味,所以要将污物处理室放在病区的中间,或分散为两个以上,需要在缩短移动距离方面想办法。

(2) 特别病区的计划

(a) ICU(重症监护室)和CCU(冠状动脉病集中治疗室)

通常设在中等规模以上、以急性患者为主的医院内,单独成为1个护理单位。40~60张病床设1张ICU床的情况居多。

在ICU的进口设前室,在此换乘专用病床。与此平行设更衣室。重视工作人员的活动,将病房与护士站作为整体化的开放空间进行设计的情况颇多。有的大规模医院还设有感染症患者的隔离室,或者化学疗法患者、重度火伤患者的无菌室。还需设污物处理室、会议室和器材库等。

ICU的病床周围放置的医疗设备很多,需要确保比一般病房大的间隔、面积。应确保病床间隔在2.7~3m,1张病床的病房面积在12~20m^2("特定集中治疗室增算"的设施基准为15m^2以上)。

另一方面,也有循环器官诊疗科的中等以上规模的医院多设CCU,但是单独成为1个护理单位的情况较少,多是同时设在ICU或循环器官的一般病区内。

CCU的病房与ICU不同,前者多是1个病房设置1张病床(设护理人员的观察窗)。之所以如此设置,是因为心脏病患者在大多数场合,发作过之后恢复到正常状

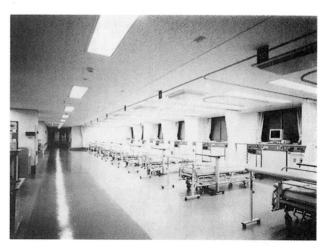

图4·46 ICU的例子

患者食堂

患者吃饭时,以前通常使用跨床桌在病房内进行;现在在病区内设患者食堂的例子不断增多。对于"疗养型病床群",设置患者食堂是获得批准的条件之一。

集中治疗室的种类

除了本文中介绍的ICU(Intensive Care Unit)、CCU(Coronary Care Unit: 冠状动脉症治疗室)之外,还有NICU(Neonatal ICU: 新生儿监护室)、NCU(Neurological Care Unit: 脑病治疗室)等。设NICU的公立、附属医院颇多,但是设NCU的很少。

态时，大部分日常活动(饮食、大小便等)都能自己进行，需要尽量与其他重症患者隔离的环境。所以也有的CCU内设患者使用的厕所、洗脸池。

(b) 产科病区

妊娠、分娩并不是病。虽然对预产孕妇的行动多少也有限制，但是大部分人难以被称为"患者"，她们要求得到与健康人一样的对待。怀孕、生产可称是一生中有数的大事，近来以专科医院为中心，为产妇准备高档饮食，提供与饭店相匹的豪华单间的例子正在不断增加。

一般医院的产科病区的平面计划在功能上多是自己完善型。即以分娩部为首，在病区同时设诊察室、超声波检查室等；从住院到出院，尽可能使产妇不出病区即可。这种举措与其说产科病区与其他设施的性质不同，倒不如说最大的目的是防止医院内感染对母子的侵袭。

病房以单床房间为主体。由于近来母子同在一室的做法正在普及化，所以即便是多张床病房的场合也要在床周围留出充足的空间。此外，虽然不需要病房内多么豪华，但是在计划中应有使女性欣慰的清洁优雅的室内装饰。

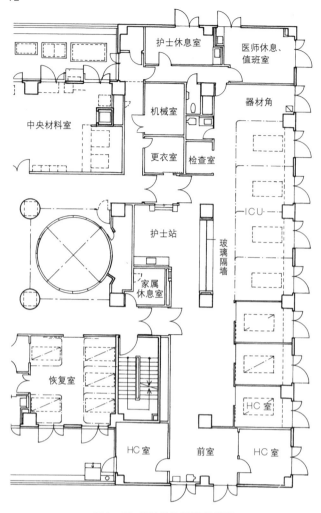

图4·47　ICU的计划例子(1/250)

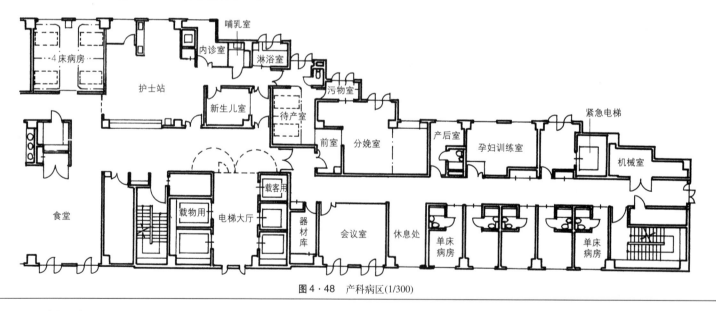

图4·48　产科病区(1/300)

周产期医疗

以往在诊疗科目分工中，从女性怀孕开始到生产、新生儿的管理由妇产科负责，新生儿患病时的治疗由儿科负责。将上述分工加以统合，在母子出院之前的整个期间由妇产科、儿科共同进行管理的考虑方法被称为"周产期医疗"。在设有妇产科、儿科的中等规模的医院，根据该考虑方法而将妇产科病区、分娩部、NICU、儿科病区统合起来设置"周产期中心"的例子或进行研究的例子正在增多。

安慰护理(晚期医疗)

担当安慰护理的临终关怀医院不久前在日本还仅是宗教系统的医院。目前非宗教的普通医院设置"安慰护理病区"的例子不断增多。其原因在于保险诊疗允许，对此需求的患者大幅度增加。

产科病区的生活设备的设定要与一般病区稍有区别。厕所采取分散型,考虑到孕妇的体形要确保足够的进深,并且设带冲洗的坐便器。此外,淋浴室的需要比浴室多,所以要设多个淋浴室。其他如食堂、化妆台、会见用的休息室等,如果面积允许,也是应设置的设施。

(c) 疗养型病床群

针对长期疗养患者设置的病区。如表4·6所示,在设施基准中要求其疗养空间的一般病区宽广。其中"转换型"只适用于利用现有病区的情况,而新建筑则需要满足"完全型"的基准。

(d) 安慰护理病区(临终关怀病区)

该病区主要以晚期癌症患者为对象,不是进行延长寿命的治疗,而是消除疼痛、发烧和倦怠感等不舒服的症状,通过谈心等精神护理,最大限度地确保QOL(Quality of Life)。

在配置计划上,不要成为来往的通道。

病房基本上是单床房间;根据设施基准要配置附属的各种房间,尤其是这种病区是在很多志愿者的支持下得以成立,所以设置志愿者室极为重要。

4·3·3 各室的设计

(1) 关于病房的面积基准

病房的面积以医疗法为基本根据,如表4·6所示,有多个面积基准。要充分地确认发包方的指导方针,选择面积基准。

这些面积基准全部是病房的内部面积,病房内设置的洗手池、容器等(固定物)从内部面积中除去。

(2) 多床病房的设计

以前是以6~8张床为主流,现在在中小规模的医院多是2~4张床。

考虑床的宽度,进口的宽度定为1.2m以上。由于白天开放的时间长,所以设推拉门,能够有效地利用病房空间。

在病床周围设密封帘;在病床上方设多个吊输液瓶用的吊钩或垂吊滑轨。照明灯避开病床的正上方,设在通道部分,以防眩目。

在床头上方的墙面上需要设置医疗气体(氧气、压缩空气、吸引气)的终端和电源插座、护士呼叫器、床头灯等。有一种将这些放在一起的操作台型的制品,现在使用的场合颇多。

图4·49 病房例

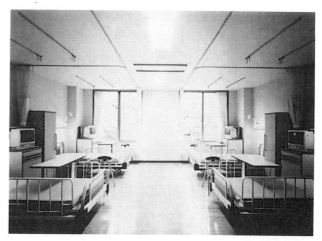

图4·50 多床病房例

垂吊滑轨

安装在天花板上,用于在病床上方悬吊输液袋(点滴瓶)等。其截面比窗帘滑轨稍大,能使吊钩移动到适当的位置。

在每个医院的安装方法都有不同,有的安装两条或一条,有的与病床平行,有的与病床垂直。此外,有的医院只将2~4个吊钩固定在天花板上。

医学操作台

将医疗气体的终端、护士呼叫器插头、台灯、插座、接地端子等各病床所需的设备收纳在一个箱中的装置。

表4·6 医疗法规定的医疗设施的设备基准概要(1998年时)

分类	一般医院	特定功能医院	地区医疗援助医院	疗养型病床群(医院)	疗养型病床群(诊疗所)	老人保健设施*(参考)
必置设施及其他条件	·病房 ·手术室 ·诊察室 ·临床检查室 ·处置室 ·X射线设备 ·药剂所 ·消毒设施 ·供餐设施 ·给水设施 ·采暖设施 ·洗涤设施 ·污物处理设施 ·其他	·除去右边列出的一般医院的设施之外，还有以下内容 ·集中治疗室 ·化学、细菌、病理检查设施 ·研究室 ·讲课室 ·图书室 ·无菌病房 ·医药品信息管理室	·除了左边列出的一般医院的设施之外，还有以下内容 ·集中治疗室 ·化学、细菌、病理检查设施 ·病理解剖室 ·研究室 ·讲课室 ·图书室 ·无菌室 ·医药品信息管理室	·除了左边列出的一般医院的设施之外，还有以下内容 ·功能训练室(40m²以上) ·食堂(1m²以上/人) ·谈话室 ·浴室	·功能训练室 ·食堂 ·谈话室 ·浴室	·疗养室 ·诊察室 ·功能训练室 ·谈话室 ·食堂、浴室 ·娱乐室 ·洗脸间 ·服务站 ·配餐室 ·洗涤室 ·污物处理室 ·饮食店 ·厕所
1名患者的病房面积	4.3m²以上	4.3m²以上	4.3m²以上	6.4m²以上，1个病房4床以下	6.4m²以上，1个病房4床以下	8.0m²以上
走廊宽度	1.2m以上 (两侧有房间时1.6m)	1.2m以上 (两侧有房间时1.6m)	1.2m以上 (两侧有房间时1.6m)	1.8m以上 (两则有房间时2.7m)	1.8m以上 (两则有房间时2.7m)	1.8m以上 (两则有房间时2.7m)
人员(住院患者为100人的场合)	医生 6人 护士 25人	医生 13人 护士 40人	医生 13人 护士 40人	医生 3人 护士 17人 护理职员 17人	医生 1人 护士 17人 护理职员 17人	医生 1人 护士 8～10人 护理职员 20～24人 PT, OT 1人

*老年保健法规定　　　　　　　　　　　　　　　　　(摘自日本医疗福祉建筑协会编《医疗、老龄设施的计划法规手册》中央法规出版)

要将窗设计得比腰低(自床上70cm左右开始)，以便床上的患者容易看到外界。但是在这种场合为了确保安全，有时要按照行政厅的指导设扶手。对此需要在事先进行协商。

(3) 单床病房设计

对于单床病房，根据房费差额的价格差，在洗脸池、厕所、淋浴、整体卫生间、小型厨房等设备的设置上有所差别。在设置这些设备的场合，由于患者日常使用，所以要考虑到每种设备不能有台阶(或最小的程度)，并且要设扶手、护士呼叫器。

关于病房部分，除了不需配备密封帘之外，其他与多床病房相同。

关于内装修，固然重视高级感的程度比多床病房高，但是也不要无益地偏于豪华，应当选择适于保洁的材料。

(4) 护士站的设计

护士站的总面积(也根据各病区的病床数)大约需40～70m²。功能上分为记录处和操作处；前者设在登记台附近，后者设在靠里面的位置。

在记录处的中间放置摆放通知单的桌子；记录处还设置住院患者的病历卡、检查单和X射线照片的收纳架，以及指令运行系统用的计算机等。

在操作处设置带水池的操作台，收纳药品、医疗器材的架子、冰箱、制冰机等。操作处常备急救手推车、检查设备的情况也颇多。

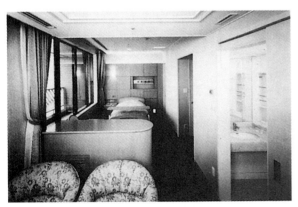

图4·51 特别病房的例子

床头柜
放置在床边的带脚轮小柜。也有的是冰箱和电视柜整体化的形式。

病房上锁
与饭店客房不同，一般在病房从内侧不能上锁。这是为了万一发生紧急情况便于工作人员迅速采取措施。另一方面，在走廊一侧多设置圆筒锁。为了空房的防范、防灾上锁，由护士站管理钥匙。

除此之外，医生使用的读片、说明处(观察透视照像的肖卡斯坦)也多设在护士站内。

关于登记台，近年来，不用玻璃隔开的开放式登记台的例子正在增多，在进口不设门的情况也颇为多见。

另一方面，为了防止医院内感染，医师和护士洗手次数大为增加。为此，在进口处必须要设洗手池。

图4·52　护士站的例子

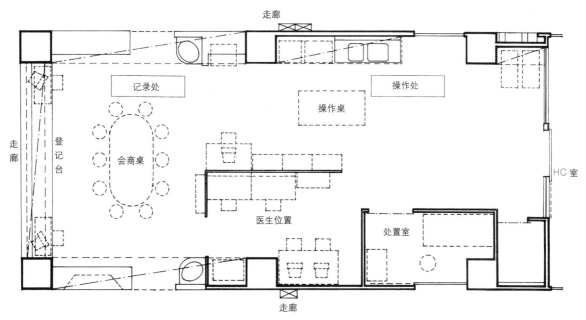

图4·53　护士站的计划(1/100)

4·4 供应部

4·4·1 供应部的特点

为保障医院的医疗行为的顺畅进行,主要从物和能源方面实施支持的部门。

在建设计划上并没有统一的规定,医院方的相关负责人员也不少。这就要求设计人员具备广泛的知识和协调能力。

4·4·2 供应部的计划

(1) 药 房

(a) 功能、规模

对于医院使用的全部药品进行统一管理、供应,提供信息。涉及到的药品种类年年都在增加,要通过缩短库存时间提高效率。此外,调剂工作的自动化不断发展,而另

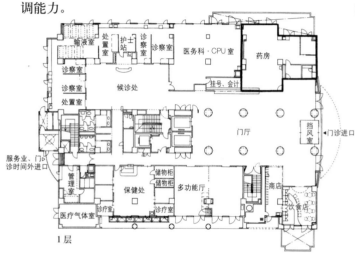
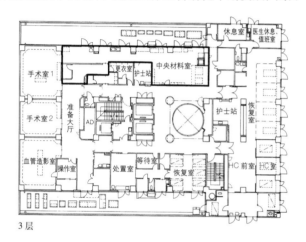
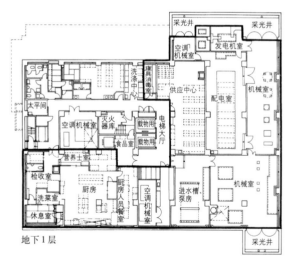

图4·54 供应部的计划(1/600)　　□部分

调剂工作的自动化

将自动调剂分色机(片剂用/散剂用)、自动药袋印刷机与指令运行系统联动,能使调剂工作的绝大部分实现自动化。但是,处方频率低的片剂和散剂、软膏、水剂、麻醉药、烈性药目前仍是手工操作。

医院外处方和药房的变化

由于医药分工的进展,对门诊患者只发给处方笺的医院正不断地增加。伴随这种情况的出现,在挂号处附近只保留发给处方笺的窗口,而药房本身设在便于运进药品的服务场地附近的情况已经出现。

一方面,应对小频率处方等的手工作业人员仍然要保留。有无医院外处方,工作量的差别颇大。由于受到上述各种因素的影响,难以对药房的规模的确定一概而论。根据近来的例子,可供参考的数值约为 $0.3 \sim 0.5 m^2/$ 床。

(b) 构　成

基本上由调剂室、药品库、办公室、DI 室 4 个部分组成。根据医院的规模、种类,有的增加值班室、调剂室、检验室等。反之,在小规模医院只设调剂室和药品库,或将这两个单位合并为 1 个单位,更能提高效率。

(c) 各室的设计

① 调　剂　室

调剂室不仅应对门诊患者,还要供应住院患者的药剂(病区调剂)以及各种处置、检查、手术所需要的药品(输液药、麻醉药、输血用血液等)。向门诊患者提供医院外处方的场合,后者就成为主要业务。设置专用出口向各部门交付上述药品。交付方式包括药剂师向各部门送药供应和使用小升降机运送。每个医院采用的交付方式各不相同,所以需要确认运送计划。

药品有粉状(散剂)、固体(片剂)、液体(水剂)、胶体(软膏)等各种形态,所以需要不同的调剂线路。各线路的终端放在交药窗口的附近,旁边设监查区。

调剂室有很多需要排水和电源的设备。此外,从清洁管理上要求空调系统独立设置。需要净化台用的排气设备、防止散剂飞扬的收尘设备等特殊设备的情况也颇多。

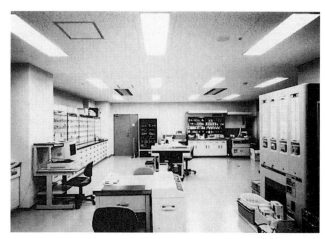

图 4·55　调剂室

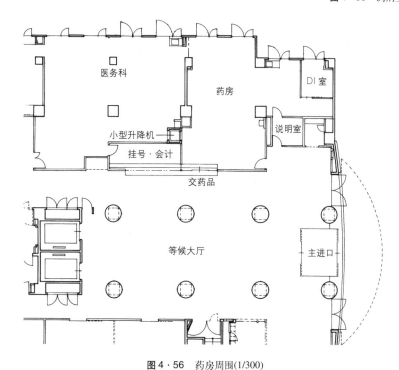

图 4·56　药房周围(1/300)

净化台

指无菌操作台。将调剂台的三个方向包围、从上方吹出清洁空气的装置。在药房,为了调整 IVH(中心静脉营养)用的高热量输液、抗癌剂等,最好设置无菌调剂室,起码也必须设置净化台。

② 药品库

根据保管的药品的种类和库存天数的设定，规模有所不同，作为计划的标准，确保 0.15～0.2m²/床即可。其位置的确定要考虑到便于进出调剂室以及运进从外界采购的药品。

由于要涉及麻醉药、烈性药等，需要能够将整个药房对外界形成一个完全封闭的结构。除了上锁之外，窗上安装护栏，并且也要考虑机械警备。

③ 办公室

设在调剂室旁侧，在计划中要以兼作药剂师的学习和休息场所为前提。

④ D I 室

对患者进行服药指导、收集和传达医药品信息的专用室。对其面积并无规定，可以小到摆放单人桌的程度。但是不能兼作别的室使用。

(2) 中央材料部

(a) 功能、规模

将手术、诊察、处置、检查中使用的医疗器材(一次性的除外)洗净、灭菌、保管，供给各部门的设施。有的小规模医院只在手术部的一角设专用洗净灭菌室，将其他工作委托外单位，不设中央材料部。

作为计划的标准，要确保 0.6～0.8m²/床。该设施与使用医疗器材最多的手术部的关系密切，在计划上最好将两者安排在相邻的位置，或上下层配置，用小型升降机直接连结起来。对于手术部之外的部门，一般经由走廊运送(图4·57)。

(b) 构成

一般是用贯通式灭菌机连结洗净组装室和灭菌品保

图4·58 中央材料室

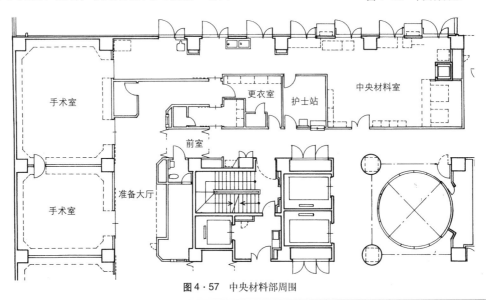

图4·57 中央材料部周围

一次性器材

用过即扔的器材。例如，以前注射器、针头等用过后经煮沸消毒再次使用，成为肝炎、AIDS 的传染途径的危险性极高，现在都已一次性化。

EOG 灭菌

在医疗器材中，涂胶的工作服、合成树脂管等在高温下材质变差，不适于蒸汽灭菌，因此需要EOG灭菌。但是由于这种灭菌方法使用有毒气体，近来关于气体残留、污染环境的问题被重视起来。

等离子灭菌

作为EOG灭菌的替代方法，近来受到关注。在呈真空状态的灭菌机中注入微量的过氧化氢，电离之后变成等离子状态，能发挥很高的灭菌效果。这种方法耗能少，过氧化氢最终分解为水和氧，对环境有利。

管库，在旁侧设办公室、更衣室。有的小规模医院不另设办公室、更衣室，都放在中央材料室。这种场合，灭菌机只从正面进出。当然，从清洁管理的角度，最好分成两室。

(c) 各室的设计

① 洗净组装室

洗净组装室由洗净线和组装区构成。前者以超声波洗净机为主，后者根据手术、处置等种类将洗净后的器材组合成套。

污染器材的交付在窗口柜台或直接在进口进行。由于运送用的4轮手推车要短暂停留，所以最好在走廊设置停车处。

洗净、组合作业结束之后，将器材放入灭菌机。灭菌机的工作方式主要是蒸汽和EOG(氧化乙烯气灭菌)，根据器材的材质和紧迫度将其同时使用。

在蒸汽方式中，蒸汽的供给方法有3种(从锅炉室的中央供给、中央材料室的局部供给、灭菌机自带)，根据规模、成本加以选择。此外，由于产生大量的辐射热，所以要对空调计划进行充分研究。

对于EOG方式，要充分注意气瓶的放置场所、供给途径、排气(氧化乙烯气的毒性很强)。

灭菌机有落地型和台型。采用落地型的场合，将地面降低300mm，确保管路空间

② 灭菌品保管库

基本上是仓库，属于清洁管理局域，与管理区域之外的灭菌器材的交付通常是用传递箱进行。

为防止从蒸汽灭菌机(压蒸釜)里取出灭菌的器材的时候残留蒸汽在室内扩散，用垂墙围住灭菌机出口的附近部分，设置天花板排气口。在灭菌品保管库保管一次性医疗器的情况颇多。由于是不经过灭菌机而直接运进库内，所以要从清洁管理的角度对运营管理进行研究。

(3) 供餐部

(a) 功能、规模

这是制作住院患者的饮食的设施，与一般厨房最大的区别在于根据每个患者的病情提供不同的饮食。从大的方面分为一般饮食(平常餐)和特别饮食(特餐)，分别设制作线。在特别饮食中，根据患者的饮食功能和个别疾病又进一步细分为全粥、流食、无盐食、糖尿食等。一般饮食中有多种菜品供患者选择，使工作更一步复杂化。这些业务都是在营养士的严密管理下进行，制作的饮食用配膳车运送到各病区。

最好设在便于运进材料的1层或地下(有车道从地上通向地下的场合)，因为空间的关系，也有的设在2层以上。为了将配膳车的流动线减少到最低程度，在计划中最好将供餐部设在运送电梯旁。

关于该部门的规模，总体约需$0.8 \sim 1.0 m^2/$床。随着冷藏方式(将预先制作的食品冷藏存放，在节假日也能及时供应的方式)和医院外制作方式(集中制作)的普及，估计此值会发生变化。

(b) 构 成

一般而言，至少需要厨房、食品库、办公室、更衣休息室、存车处和洗净室共6个部分和厕所。除此之外，

图4·59 厨房

根据规模,再设粮库、冷冻库、冰箱、厨房垃圾室等。在有妇产科、儿科的医院,还同时设调乳室。

(c) 各室的设计

① 厨房

作业流程是准备→制作→装盘→配餐;与此平行的是做饭过程。按照该流程,一面设想高效率的流水线,一面进行计划。

过去一般都是在厨房的地面上贴瓷砖,清扫是用流动水和板刷进行,称为"湿式"。由于担心潮湿地面会成为细菌的繁殖场所,近来用涂料地面材料、合成树脂板的焊接施工法装修地面,用消毒清洗液和拖布等进行清扫的"干式"正在成为主流。然而即便在干式的场合,地面也不可能不潮湿,所以还需要地面防水和排水沟。

食品制作中,因加热而充满热气,所以对于空调、换气要有充足的计划。此外,由于从厨房排出的气体带有相当大的臭味,不仅抑制其在医院内的扩散,还要防止从窗户的进入以及对近邻的影响,所以需要对排气口的位置加以充分研究。

关于厨房的排水,在与其他排水合流之前设挡油阀;将排水管线放在厨房垃圾室或者外界,使其与垃圾运出路线一致。

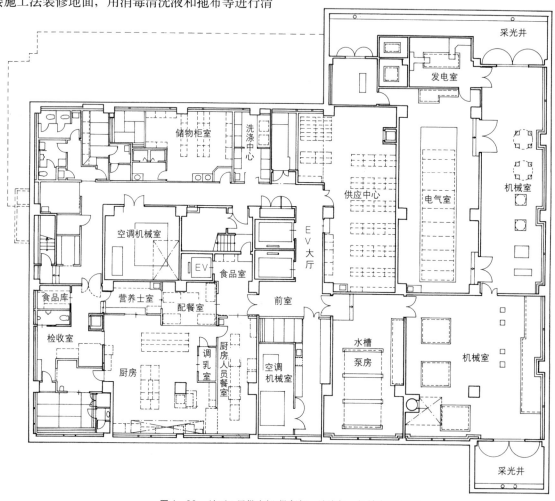

图 4·60 地下 1 层供应部(供餐部、洗涤部、机械室)(1/300)

厨房空调

厨房所需换气量很大,难以实现完全空调。制冷时限于操作空间多采用直接吹冷气的定位方式。反之,由于用火做饭,冬天几乎不用采暖。

② 办公室

为了检收运进的材料、记账和决定食谱,管理营养士常驻此处。计划中最好将进物口和厨房设于两侧,分别设窗户,便于观察进口和厨房的动态。

(4) 洗涤部

(a) 功能、规模

医院通常将床单、被罩等寝具的洗涤委托给外面的专业单位。有的医院设洗涤室洗擦拭用的毛巾。另一方面,手术部使用的手术服和包围手术区的布罩与其他器材一起在中央材料部处理的情况颇多。

洗涤部所需规模因对外委托的程度而有差别,但是要确保 20m² ~ 30m²。在工作中要使用洗涤机、干燥机等大型设备,所以需采取承重、防振动方面的有关措施,并要考虑给排水、排气设备。

(5) 物品管理部

(a) 功能、规模

主要工作是从外面采购物品并分类,然后供给医院内各部门。本来涉及的物品主要是办公设备、办公用品和票据类,近来,各部门个别订购的医疗器材、检查设备等也由物品管理部门办理的情况正在增多,该部门所需面积也有增加的趋势。尤其是作为真正的物品管理中心(SPD: Supply Proccessing & Distribution)的一部分发挥功能的场合,要确保 0.5m²/床左右。近来以大规模医院为中心已经进行 SPD 计划,而中小医院则是从现在开始。无论如何,在哪里都会成为主流。今后对中小医院也应在总体计划水平上考虑有关问题。

由于有大量的物品进出物品管理部,所以要将其设在运输车辆容易停靠并且接近载货电梯的位置。

(6) 机械室、电气室

(a) 功能、规模

容纳供水、供热水、空调热源、蒸汽、变电等设备机械。有许多大规模医院在计划中设"能源中心",将上述大部分设备机械集中在位于建筑物内的该中心内。该中心占总体面积的 4% ~ 5%。此外,将分散在各处的机械室等与该中心加在一起,设备空间占总体面积的 8% ~ 10%。

另一方面,有的中小规模医院将一部分设备放在建筑物外或屋顶等露天处,因而设备空间的内容和规模有很大差别。

无论差别如何,医院是 24 小时运转、耗能型的设施,从保护地球环境的角度要力求浪费少、容易维护管理的设备计划。

(b) 构成

能源中心由电气室、发电机室、锅炉房、机械室等构成,同时设控制室。控制室是对包括上述各室在内的设置在各处的机械进行远距离操作和运转监视。

中小规模的医院在供电设备方面多使用可放置在室外的"密封配电盘",不一定需要电气室。此外,在自己发电设备方面,如果输出功率小,可采用室外成套设备。关于从自来水管接水的水槽,多数是设置在室外。

在屋顶或建筑物外设置上述机械的场合,从美观的角度要慎重考虑,并且对于结构上的荷载设定也要充分注意。尽管如此,将建筑物的负载量设在最大限度,对于提供医疗活动乃是有效的手段,设计人员对此需加以充分研究。

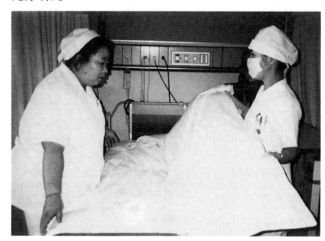

图 4·61 整理被服的职员

SPD

统筹管理医院内物流的思考方法。功能是供应用品、医疗器材,对病床、被服等进行洗涤、消毒、修补,进而包含中央材料部和药房;在建筑计划中也作为整体设施对待。SPD 化通过采购的统一化、库存量的控制以及通过传达而实现定时定量运送等达到高效率、低成本物流的目的。为了进一步深化该目的,有的医院除了药房之外,将其他业务都委托给外单位。

节能

根据"关于能源使用合理化的法律"(节能法),医院新建、增改修部分的建筑面积的总和在 2000m² 以上的场合,需要上报节能计划。"节能计划书"与建筑批准申请同时提出。

4·5 管 理 部

4·5·1 管理部的特点

管理部是从"人"和"调配"的侧面支持医院运营的部门，由进行事务业务的岗位、以医生办公室为首的诊疗部门的后方设施和为福利保健、患者服务而设的设施等构成。

4·5·2 管理部的计划

(1) 事 务 部

(a) 功能、构成

医院的事务分为医疗事务和后方事务两大内容。医疗事务是指针对患者的挂号、会计和住院出院手续，诊疗报酬请求和病历卡的整理、保管、阅览手续等业务。后方事务是指职员管理(人事、薪金等)、设施管理和对外委托管理等业务。

这两种业务不一定有密切的关系。在事务系统工作人员少的中小规模的医院，为了提高业务效率，有的将各个岗位放在相邻的位置。有的规模大的医院则将医疗事务设在1层，将后方事务设在2层。

(b) 各室的设计

① 医疗事务各室

由于业务是以门诊患者为中心，而将挂号室设在玄关端部的候诊大厅的对面，其后面设办公室，也有的再加上病历卡室(关于挂号室周围的设计方法请参看4·1·3)。

近来，医疗事务的计算机化正不断地进展。管理指令运行系统的服务器和主机的业务由医疗事务的岗位进行管辖的情况颇多；即便中小规模的医院也有设置专用计算机室(信息管理室)的例子。

初诊患者挂号之后建立病历卡。建立的方法分为"1名患者1个病历卡方式(中央病历卡方式)"和"各科病历卡方式(分散病历卡方式)"。前者是将病历卡保存在门诊挂号室后面的病历室，后者则保存在各诊疗科(称为有效病历卡)。

但是，哪一种方式的保存量都有限。从诊疗日开始经过一定时间(通常为3～6个月)的病历卡，最终要同各种检查单和影像诊断的胶片等一起被送到另外设置的专用设施(称为不动病历卡)。

该设施由保管病历卡、胶片等的病历室、供医生阅览的阅览室和办公室构成。病历室多使用容量大的活动式储柜，因其荷载很大，所以在结构计划中要有足够的富裕(通常为$1t/m^2$左右)。此外，由于怕潮湿，即便不设空调，最好也要设除湿机。

(2) 各个管理室

(a) 功能、构成

这是指医院各级负责人(理事长、院长、副院长、总护士长等)的办公室、会客室、秘书室、医生办公室、图书室、会议室等与诊疗部门工作人员有关系的各室。

在设置上要重视使用者的活动，尤其是医生办公室等，最好设在与急诊、手术部、ICU等紧迫性大的部门的距离在最小限度的位置。此外，考虑到值夜班人员的需求，要设置厕所、开水房、淋浴室等生活设备。

(3) 福利保健部

(a) 功能、构成

关于职员的福利保健，各医院的做法有所不同，但最低限度也要有职员食堂和储物柜。在大规模医院，有的还设进行插花和饮茶的日式房间、娱乐室、值夜班工作人员用的休息室等。

医疗件数明细表的要求
对各患者实施的诊疗行为以1个月为单位进行统计，根据医科件数计算诊疗报酬，其中除了自己负担的部分，剩余部分向各保险机构提出赔偿。

病历卡的保存时间
根据医师法第24条，医院有义务保存5年。实际上多数医院都是永久保存。

(b) 各室的设计

① 职员食堂

多数医院的职员食堂与病区供餐共用一个厨房并与厨房连接。在大规模的医院，职员食堂具有单独的厨房，该厨房设在与病区厨房完全不同的地点(这种场合，一般都与管理部连接)。这种情况下的计划要使材料、厨房垃圾的运进运出路线尽可能远离患者的流动线。

职员食堂规模的设定受医院周边环境(有无餐饮店)的左右，1个座位需要的面积约在 1.2～1.5m²。

② 储物柜室(更衣室)

根据储物柜的种类而定，例如使用标准的3人用储物柜的场合，设计为使用人数×0.6m²左右。在此同时设淋浴室和厕所等。对于妇女用的储物柜室要设紧急蜂鸣器，以备防范。

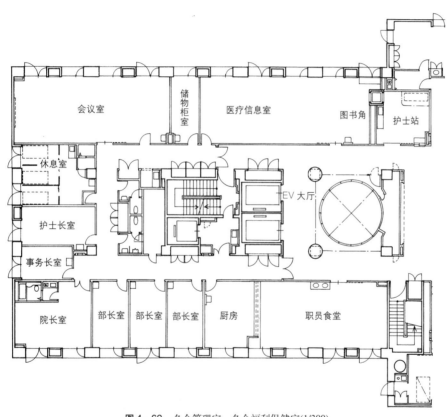

图 4·62　各个管理室、各个福利保健室(1/300)

(4) 提供生活环境的设施

(a) 功能、构成

在此归纳的设施(商店、餐馆、饮食店等)是营利设施，与医院具备的功能、运营没有直接关系。然而将这些设置在医院内，不仅对住院患者，对门诊患者、探视者或职员都能提供在医院内有效地度过时光的空间。尤其是对住院患者而言，在确保日常生活性、丰富其疗养生活方面有巨大的意义。

从经济核算考虑，如果不是具有一定需要程度的中等规模以上的医院，难以设置上述设施。一般而言，虽然有200张病床左右设置商店和柜员机，300张病床左右设置餐馆、饮食店、理发室和美容室等的例子，但是要考虑地点和门诊患者数的差异等具体情况，与医院方进行深入研究。

这些设施通常多设在对任何人都方便的1层或其上下层，靠近电梯等主要流动线，远离门诊、检查等候室。

(b) 各室的设定

① 商　　店

主要出售日用杂品和书籍杂志，也出售纸尿布、探视用的花卉和点心等。对其开间的设定要考虑坐轮椅患者通过的道路宽度。

② 餐馆、饮食店

主要以探视者为主，也有不受饮食限制的门诊患者。与商店同样，也要考虑坐轮椅患者进出的方便。

③ 柜员机(ATM/CD角)

柜员机尽可能设在人流大、靠近会计窗口的位置。预先要与金融机构进行协调，以备防范。

④ 理发室、美容室

设置专用的洗发设备，需要供冷水、供热水和排水。此外，由于较多使用毛巾蒸煮箱、烘干机、后仰座椅等耗电多的器具，所以要有充足的电源容量对应。

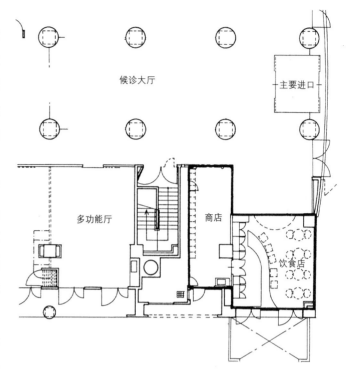

图4·63　提供医院门诊的生活环境的设施

图4·64　饮食店

⑤ 信息服务

手机的使用对各种医疗器械的正常运转有影响，通常在医院内禁止使用手机。另一方面，现在是信息化社会，即便是住院患者，只要不妨碍治疗计划的进行，就不能使其与信息隔离，这也是服务内容之一。在各病床都有TV终端，有的还有CATV和医院内闭路TV及电话等。在单床病房的标准装备中包括FAX和解调器也不再是鲜见的事例。这就要求设计人员在该领域具备充分的知识。

(5) 其 他

① 太 平 间

一般是从急救室或住院部运送遗体，设置在靠近载物电梯或急救处置室的地点，面向外界，尽量不让一般患者看到。具有解剖室的场合，解剖室与其连接；根据医院的规模，在两者之间设置遗体冷冻库。此外，同时设置家属用的厕所、洗手池和水槽。有的大规模医院设置多个太平间，并设殡葬社的待命室。有的医院将太平间做成日本式房间，现在地方上仍然存在这种要求。近来，不做成日本式房间而将遗体放在平车上等候遗体运送车的太平间正在增多。由于在此进行焚香追悼所以要进行空调计划，设置强力的换气设备，不使排气在周围滞留。

② 警 备 室

一般作为门诊时间外的挂号室设在急诊室隔墙。多兼作防灾中心。这种场合要在此处设置针对以火灾为主的异常现象的监视盘。也有的医院同时设休息室和值班室。

图4·65　中央管制室

第5章
改 建

5·1 改建的基本考虑方法 ················ 88

5·2 改建的注意事项 ···················· 89

5·3 改建实例 ·························· 90

5·1 改建的基本考虑方法

5·1·1 改建的方法

如第2章所述，作为医院的建设计划的动机，要考虑各种因素。近来，在完全新的地点实施这样的计划已经极为罕见。多数医院必须在狭窄的原地内实施这样的计划，为了在建设中也继续诊疗业务，少量地减少病床数又推进建设，在很多场合不得不自然而然地应用改建的方式。作为这种场合的工程，从小规模的形式更换到拆除改建，有各种方法。拆除改建方法是在医院占地内的停车场等空地上建临时诊疗区，暂时在此进行诊疗，将现有建筑物破坏，在原地建造牢固的新建筑物。各种方法的共同点在于，在这样的施工期间，为了施工和诊疗的安全，在计划的初始阶段要制定整体配备计划并据此推进施工。对现有建筑物进行改建之际，最好在认真诊断的前提下制定计划(图5·1)。尤其是对于根据从前的结构设计基准建造的建筑物，必须在抗震诊断的前提下决定结构体的修改范围，为此要尽早地与政府有关部门交涉，提出改建方针。

5·1·2 拆除改建方式

采取拆除改建方式的场合，整体配备计划要对从占地内的哪个部分开始施工，临建、新建的场所定在何处，判断现有建筑物哪部分保留，哪部分拆除等项内容进行计划。虽然各个条件不同，但是计划要以下列为基准，即在临建中也不对诊疗区做大的改动，尽可能不减少病床数，减少转移次数等。

一般而言，是从建成时间长的老建筑物开始施工，要注意尽可能创造一个集中的空地。空地越广阔，施工步骤越简单，也能减少转移次数。而且，对诊疗直接的影响少的事务管理部门和福利保健各室即便在占地外的临建区，也不会对业务造成妨碍，其空间容易保障。

此外，将门诊放在临建区间比较简单，但是如果将病区放在临建区间则使施工费用增加，而且也会产生转移患者等问题，要尽量地避免。不得已这样做时，要针对以后能将其用作护士宿舍或管理部而进行计划。

进而言之，医疗法规定，建筑物即便成为临时医院，也不能当作临时设施对待，而应作为正规设施对待；对于保健所还需要办理一定的手续。在这方面应预先加以注意。

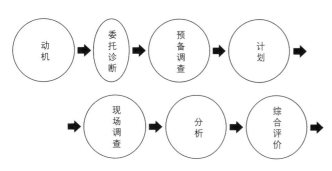

图5·1 医院建筑物诊断流程

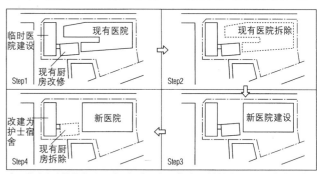

边运营边改建的技术。从工程项目方面提出临时医院的规模，实现了向护士宿舍的转用。施工期间中的安全措施完备。

图5·2 拆除改建方式

改建
翻建已建成数年的建筑物。或者更新、改修建筑物、其中一部分。改建的动机、方法如本文所述。

拆除改建
医院的翻建必须在不中断其诊疗功能、继续正常运营的状况下进行。为此，并非整体翻建，而是在空地等处建设临时建筑物，利用其继续运营，在此期间着手进行主体施工。一般多是经过数次施工才能完成。

5·2 改建的注意事项

在确定基本的配备计划之际,要考虑基本的注意事项。

(1) 需要进行详细的现场调查

要想改建之后投入使用,一定要正确地掌握现有设施的状况。为此,首先要绘制正确的现有建筑图。通常,医院都保存竣工图,能够从图纸上了解大致情况。但是有的竣工图与现状有不一致之处,尤其是反复进行增改建的医院,往往没有表示现状的图纸。

此外,设备管道的使用寿命一般在15年左右,其老化程度可以通过天花板内等的现场调查初步了解。这种调查与占地的测量一起委托专业人员进行。实施调查时,要考虑避开诊疗时间等情况。因而需要事先与医院进行协调。

(2) 避免在上层增建

在现有设施的上层增建,基本在结构上很难适应,不可能的场合颇多。即便估计在结构上能适应,但是在以后经过若干年,抗震基准有可能改变,而且增建过程中施工噪音和设备管道施工都对下层有影响。考虑到这些方面,要极力地避免增建。

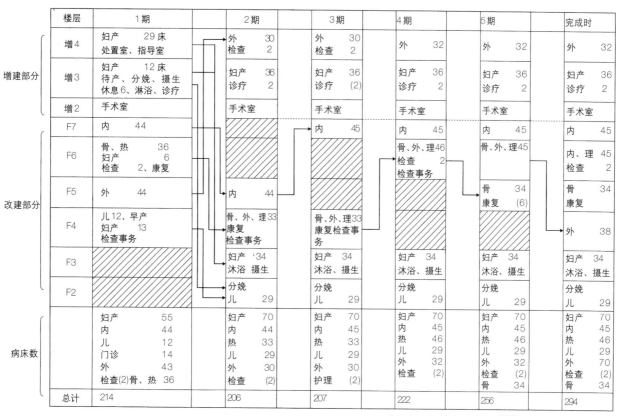

图5·3 病区改建转移计划的例子

(3) 首先从设备的能源供应开始进行

厨房和机械室这样的部门向整个医院提供食物和能源，一天也不能停止运转，其扩建的难度很大。在施工步骤中需要采用下述方法，即先行配备为整个医院(包括改建部分)提供食品和能源的设备，在伴随转移的增改建的场合，要同时启动在新设场所的设备的运转，在现有建筑物空出的机械室等可作为仓库或更衣室等加以有效利用。

(4) 病房临建浪费多

在占地内采用拆除改建方式的时候，不得不在临时建筑物内继续运营。事务管理部门和福利保健部门可以在临建或占地以外开展工作。如前所述病区临建会大大地增加施工费，要尽量地避免。

(5) 尽可能减少转移次数

截止到竣工，转移次数越多，建设计划所需的费用中用于新建成的建筑物的部分则越少。而且增加施工时间，耗费转移费用。因此要尽可能减少转移次数。

(6) 建筑物进行部分改建时空出两层

进行改建施工的场合，先将房间腾空，停止其功能再进行施工的方式的效果最好。然而在只进行部分改建的场合，为了避开施工楼层的噪音，设备管道施工的影响，要将改建楼层及其以下两层空出后再进行施工。

图5·3表示建筑物空出两层后再施工的医院的转移状况。这样做是为了尽可能避免干扰，作为改建的方法之一，需对此加以理解。

5·3 改建实例

在此通过若干实例阐述占地利用和增改建的考虑方法。

(1) A 医 院

该医院是妇产医院，病床少。由于在占地后部建造临时病区，确保了在占地前部的较大施工空间，从而能够一鼓作气地进行全部翻建。主体施工结束后，临时病区用作护士宿舍。图5·2表示该医院的建设步骤。

(a) 改建前

(b) 改建后

图5·4 改建实例(A医院)

(2) B 医 院

该医院是中等规模的综合医院,将整体分3大步骤进行改修。将容易着手的平房部分解体,进行以约100张病床和诊疗为中心的手术、检查、厨房等的施工,最后翻建玄关门诊部分。整个工期虽然较长,但是能维持一定的病床数,诊疗和经营的稳定性也能保障。

(3) C 医 院

该医院是城市中心的核心医院,其四面被道路包围,占地狭窄,几乎没有增建的余地,因此不再考虑翻建而以改建施工为中心推进计划。

拆除现有的护士宿舍,确保手术部所需的病床,用其一边顺序临时转移现有病区,一边进行改建施工。虽然边使用边改建,给施工带来困难,但是也具有相应的改建效果。

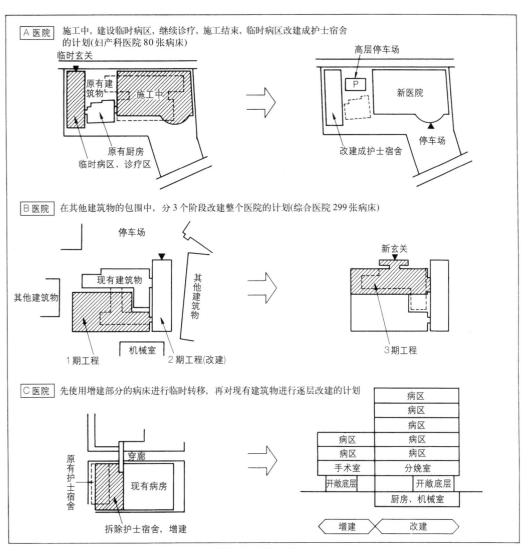

图5·5 改建实例

第6章
节能和地球环境

6·1 使用周期 · 94

6·2 节能 · 96

6·3 维护 · 98

6·4 对地球环境的考虑 · · · · · · · · · · · · · · · · · · 99

6·1 使用周期

建筑物从竣工后开始到其使用寿命结束，所需要的运转费、维护费等费用比设计、建设时用的建设资金还要多。例如，在建设一座使用寿命为60年的办公楼的场合，发包方在此60年间所需要的费用(使用周期费，下称LCC)即运转费、维护费是建设资金的5～6倍之多(图6·1)。

在医院建筑的法定使用年限(折旧期间)方面，钢筋混凝土结构为39年。即便是这种场合，开始使用后所需费用也与上述情况相同。

进行设计之际，不是仅仅考虑建设费用而决定规格、性能，还要对建筑物交付后的保养、使用所需的费用进行概算。必须力求设计的最佳化、维护管理的最佳化。即要将在建筑物的设计、建设、保养的整个过程力图达到的最佳化贯穿于设计中(使用周期设计)。

所谓使用周期设计(下称LC设计)是"在建筑物存续期间可以针对社会变化、物理老化进行改建、更新，在经济性、安全性、舒适性、便利性和保养的易行性等功能方面能够得以充分发挥的建筑物的设计方法"。在进行医院的建设计划之际，预测将来的变化、发展，进行LC设计极其重要。

(1) 具有适应性的建筑物的设计

医院建筑的发展、变化要求扩大空间和设备的完善。病区一旦建成后就不能简单地改动，也不能一味地追求增建而忽视护理单位。为此，建造病区要尽可能地留有富裕面积。其他部门要尽量地配置在低层，要便于扩大。在制定的长期规划的基础上，明确划分5个部门的区域，要预先决定各部门将来的发展方向。

在平面、剖面计划中，水平、垂直方向留有富裕至关重要。例如，对于决定建筑物构架的跨距要慎重确定。关于病房的跨距等，要考虑到将来的单床病房化、提高舒适度、设备更新的易行度；层高的设定要留有一定程度的富裕。

(2) 更新、维护的易行度

增改建等更新的场合，最重要的是结构上的问题。尤其是抗震墙的位置，考虑到将来的扩大，要预先计划在没有问题的地方。混凝土墙控制在最小程度，以便平

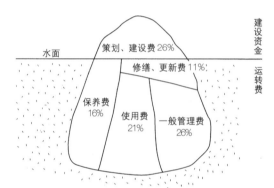

资料：建筑保养中心编《建筑物的使用周期费》
图6·1 中型楼房使用周期费细目的例子

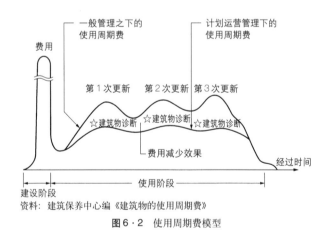

资料：建筑保养中心编《建筑物的使用周期费》
图6·2 使用周期费模型

折旧
在建筑物、设备等的固定资产的有效使用期间(使用年限)内，将该固定资产的原购价格按一定比例分配到各会计年度的作法。根据医院会计准则决定使用年限和分配方法，以便保证正当利益的计算。

面的扩大不受限制。包括用水房间等在内，其隔墙的施工全部采用干式方法。特别是预计将来要进行增建的建筑物的端部绝对不能建抗震墙。

设备计划的主要内容是设定机械室的位置、大小、主干线路。医院中的各个部门对设备性能的要求和使用方式都不相同。需要划分出不影响发展、更新的系统。此外，考虑到设备的更新，要预先设想设备运出运进的路线。

(3) 使用周期费的减少

建筑物由结构体和屋顶、外墙、内装、设备以及各个部位的使用年限不同的材料构成。一般而言，普通的钢筋混凝土的主体为50~60年，铝框为40年，内装材料为20年，设备为15年左右。

因此，在医院建筑中，首先产生更新设备的必要性。此时的基本内容是分离结构体和设备管道、考虑了增设更新的有富裕的管道空间和布管方法。

使用年限不同的部位、构件组合在一起的情况下，在修缮、更新时的施工不要涉及到其他部分。为此需要预先在建筑施工方法上下功夫。

此外，外装修材料的计划年限一般较长，在长期使用中需进行维护、保养，其好坏对建筑物的使用寿命有很大影响。例如，在外墙上设维修阳台的场合，其建设费用虽然比用悬吊篮进行维修的建筑物高，但是40年中的LCC能减少30%。

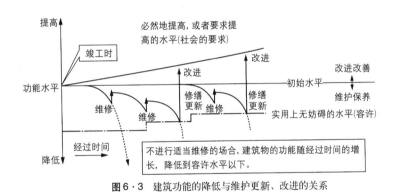

图6·3 建筑功能的降低与维护更新、改进的关系

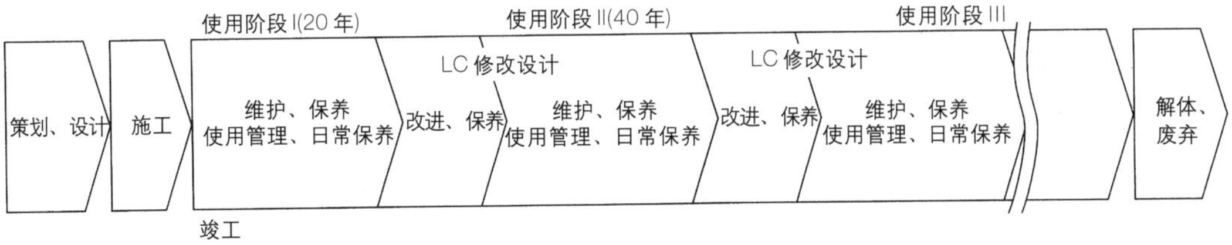

图6·4 竣工后的建筑物的运营管理(以数次LC修改设计为前提。)

6·2 节能

医院是一年365天不休息、24小时连续运转的高耗能型的设施(图6·5)。因而各种能源是重要的问题。

1993年国家修订了节能法,医院也成为对象。在"防止通过外墙、窗的热损失(PAL值的控制)"和"有效利用与空调设备等有关的能量(CEC/AC值的抑制)"方面,向发包方提出了努力方向(图6·6)。

节能方法很多,例如自然换气,利用雨水,太阳能发电,设置阳台,采用双层玻璃,适当地利用南北朝向,电、热同时供应,蓄热和使用深夜电力等。

医院内使用光、热、水费最多的是住院部(图6·7)。在建筑物的耗能中,不要仅仅停留在对设备设计下功夫的层面,还要对整个建筑计划(配置、形态)下功夫,需要注重的是空调耗能。为了减少空调耗能,最有效的作

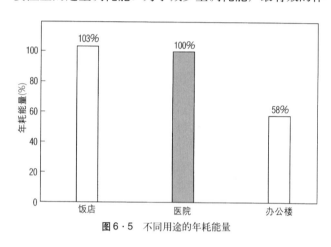

图6·5 不同用途的年耗能量

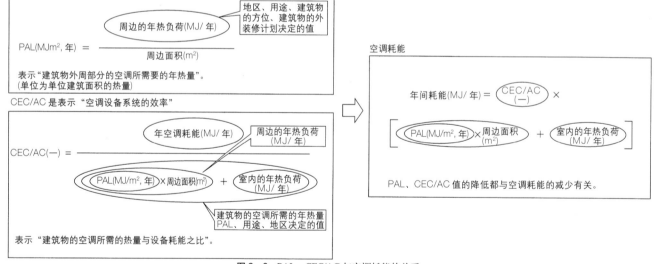

图6·6 PAL、CEC/AC与空调耗能的关系

PAL、CEC

Perimeter Annual Load(年热负荷)和Coefficient of Energy Consumption(能耗系数)的缩写。都用于节能性能的评价。

电热同时供应

使用重油或油气等一次燃料,获得电、热二次能量的系统。从空调热源的燃气涡轮发动机借助发电机供电,从排出热量供应热水。与商用电力的混合使用不可缺少。

双层玻璃

用间隔固定装置将两块平板玻璃在内部充满空气的状态合在一起成为整体的玻璃。其传热系数为单层玻璃的一半,因而能提高制冷采暖效率。近来开发出将空气层抽成真空的制品,或将表面玻璃加工成高辐射性能的制品,更加提高了效率。

法是降低PAL值(图6·6)。在建设计划的初始阶段确定的病房的形态、朝向等的平面计划在较大程度上影响PAL值。为了节能设计要注意下列各点。

① 制冷负荷依北、南、东、西的顺序增大，最好考虑这些因素，确定建筑物的形态。

② 阳台遮挡太阳辐射能节能，尤其在南面最有效。从防灾方面也推荐设置阳台(参照3·6剖面计划)。

③ 大厅共同空间在计算上的判断可谓困难，但是在自然采光、通风上的效果很明显，要努力尽量设置。

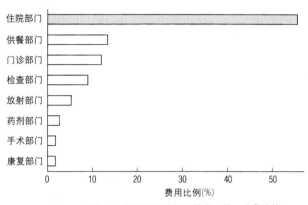

图6·7 民营医院各部门的光、热、水费比较

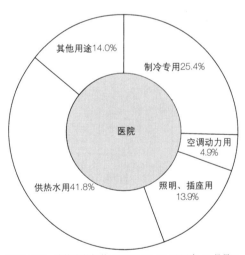

(摘自住宅、建筑省能机构《IBEC No.97 1996年11月号》)

图6·8 医院的年一次能用量

蓄热

用热水、冷水和冰等储蓄空调热源的热量、针对负荷的变动使容量平均化(消除高峰)而提高运转效率的系统。虽然热损失引起效率变差，但是由于消除高峰而能够减少热源容量。蓄热用水槽里的水可以用作非常时期的紧急水源。

6·3 维护

在设计中即便采用了最佳LC设计,竣工之后如果发包方不进行精心的维护,建筑物也不能达到预期的使用寿命。不进行适当的维护,不及时地更新设备,建筑物所需要的费用将大幅度地增加。

设计人员要明确,在建筑物的整个使用期间内,通过最佳化的行动(建筑物使用维护),有助于建筑物LCC的降低。

无论是新建,还是改建,在进行计划时,要明确医院的使用周期,提出符合该医院的维护管理程序和长期维修管理计划。

今后的维护的重要之点是预见设备性能的降低,勤勤恳恳地进行"预防维护"。为此,设计人员面对发包方不是就每个设备机器订维护合同,而是提出综合维护意见。

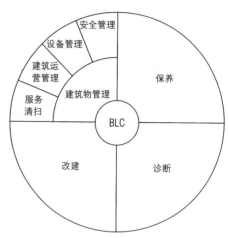

图6·9 建筑物使用维护(BLC)示意图

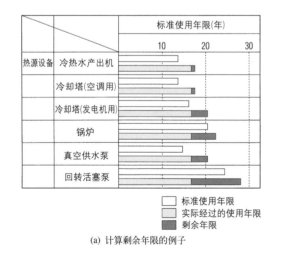

(a) 计算剩余年限的例子

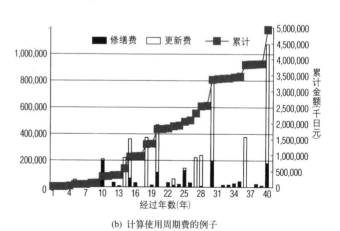

(b) 计算使用周期费的例子

图6·10 使用周期费

预防维护
为了在建筑存在期间内进行最佳使用,需要建立维护管理的程序和长期保养修缮计划。据此预见机器、设备的能力的降低,进行功能更新的维护。

6·4 对地球环境的考虑

1997年在京都召开了防止地球温暖化会议。日本承诺在2008年~2012年的5年间CO_2的排放量比1990年减少6%。为达到此目标，在建筑行业无论建筑物的用途如何，都要采用先进的方法。

成为地球温暖化原因的温室效应排放弃气有9成以上是CO_2，而CO_2排放中的9成以上由消耗能源产生。即设计人员应当做到的是进行抑制建筑物能耗的设计。从这个角度看，要求进行热负荷小的设计和有效利用自然、未利用能源。这就是6·2所述的节能建筑物的设计，对于发包方也有抑制运行费用的益处。设计人员需要一面取得发包方的理解，一面积极地推进采用节能方法的设计。

此外，近年来不仅是地球温暖化，建筑废弃物问题和化学物质引起的室内空气污染的问题等围绕建筑行业的环境问题，正在显示其严重性。建筑材料、设备机器的各生产厂家也正在积极地谋求材料的再利用，投入抑制污染的商品的开发。而且施工单位也开始研究老建筑物的解体、处理方法，不再忽视对地球环境的保护。

设计人员在选择建筑材料、施工法之际，至关重要的是常常着眼全局，与发包方、施工单位、有关各生产厂家一起推进建设计划的制定。

不只停留在设计阶段，在建筑物的建设、运营的整个过程都考虑与环境共存的可持续设计思想在今后越来越重要。

从医疗关系来讲，由于规定了医疗废弃物的焚烧处理义务，到1993年，焚烧已成为主流。然而伴随焚烧产生二恶英的问题已经显现出来。近来，为了抑制二恶英的产生，不再焚烧医疗废弃物而是采用灭菌处理方法的医院正在增多。厚生省也于1998年12月编写了关于灭菌的指导原则，规定采用微波方法等。很多中小规模的医院将医疗废弃物都委托给专业公司处理，但是对于大规模的病院，设计人员也要将在医院内采用上述方法进行处理的情况考虑在内。

可持续是包含设计绿色图中列出的生态学、能源和循环利用的环境三要素，对应总体生存环境的概念。

图6·11 环境三要素

设计方法 概念、关键词	材料、结构方法	功能性持续	自然防御	资源、能源有效利用	健康、舒适环境	文化底蕴	都市气候变化的抑制生态系的保持
自然							
资源、能源							
生存							
人							
街道、社区							

资料：新日本建筑家协会《可持续建筑的设计》

图6·12 设计的方法和关键词

可持续设计
可持续本来是能继续的意思。这种设计思想对于建筑物从建成到拆除的整个过程不但考虑与生态系统共存、减少地球环境负荷，还要将视野扩展到历史文化生活的继承等不能量化的领域。

第7章
设计例子

~100 张床

1. 副岛医院 ······················ 102
2. 佐藤医院 ······················ 104
3. 今村医院 ······················ 108

100 张床~200 张床

4. 热川温泉医院 ·················· 112
5. 尼崎中央医院 ·················· 114

200 张床~300 张床

6. 阿品土谷医院 ·················· 116
7. 稻城市立医院 ·················· 118

300 张床~

8. 神奈川县警友会京邑医院 ········ 120
9. 市立岸和田市民医院 ············ 124
10. 顺天堂医院 1 号楼 ············· 128

11. 长野县立儿童医院 ············· 132
12. 圣路加国际医院 ··············· 134
13. 平安厅医院 ··················· 138

1. 副岛医院

明快地呈现出建筑理念的医院

其特点在于用遮阳格栅构成了南侧病房和门诊候诊大厅的外观。

借助透明的遮阳格栅控制日照,使病房内冬暖夏凉,并且不受外界视线的干扰。根据这样的考虑,患者在候诊大厅内也能平静地度过等候时间。

将面临都市规划道路的北侧作为楼梯间、室外机放置场所等空间,对于患者的起居也成为缓冲区。

概 况

所 在 地	佐贺县佐贺市
建 设 人	副岛寿太郎
设计监理	建筑:手塚贵晴+手塚由比
	结构、设备:鹿岛建设九州支店
施工单位	鹿岛、松尾建设工程JV
结 构	钢结构
层 数	地上4层
病 床 数	74张
计划指标	57.4m²/床
占地面积	2227.01m²
建筑面积	1415.62m²
总建筑面积	4079.48m²
竣 工	1996年3月

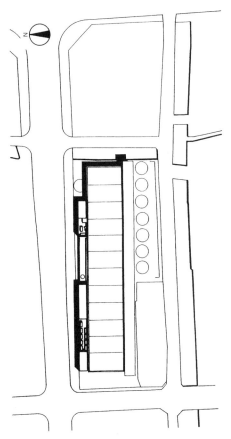

布置图 1/1200

南面外观

摄影 新建筑写真部

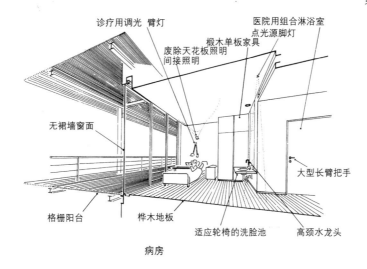

病房

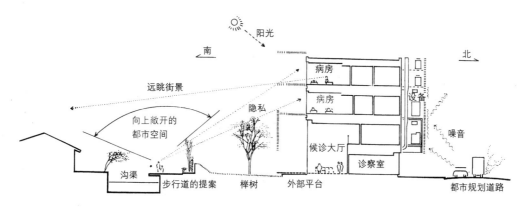

周围环境与建筑物剖面的关系

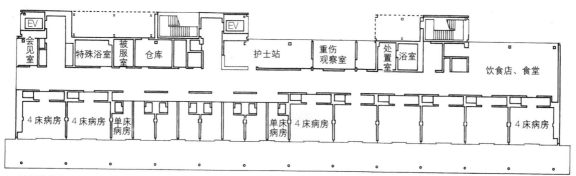

4层平面图

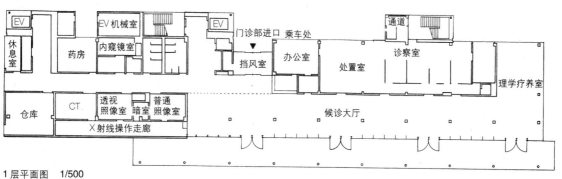

1层平面图 1/500

2. 佐藤医院

重视舒适性的妇产专科医院

妇产医院的翻建的例子(P91 例 A)。翻建之际，首先建设临时医院，在新医院建设中用于继续诊疗；新医院完成后再将临时医院改建成护士宿舍。

为了普及、实践积极分娩的思想，在计划中增加了 LDR、水中分娩设备和不孕治疗设备等最新设备。在设计上用曲线、刺绣图案等表现女性的温柔和细腻。为了迎接少生育化时代的到来，以被患者选择为目标进行计划。

概　况

所 在 地	群马县高崎市
建 设 人	佐藤　仁
设计监理	清水建设一级建筑士事务所
施工单位	清水建设关东支店
结　　构	RC 结构
层　　数	地上 6 层，地下 1 层
病 床 数	80 张
计划指标	76m²/床
占地面积	2930m²
建筑面积	1581m²
总建筑面积	6109m²
竣　　工	1997 年 7 月

南面外观

6 层食堂

饮食店

第7章 设计例子 105

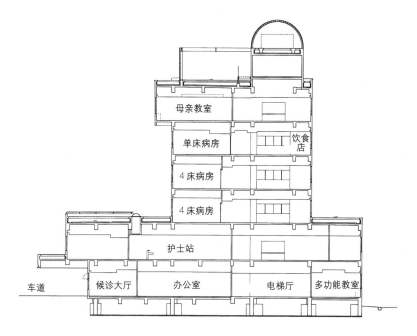

剖面图 1/400

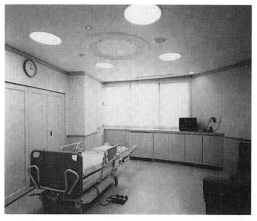

LDR

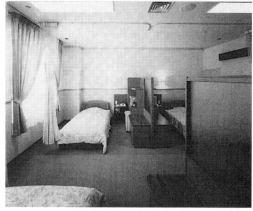

4床病房

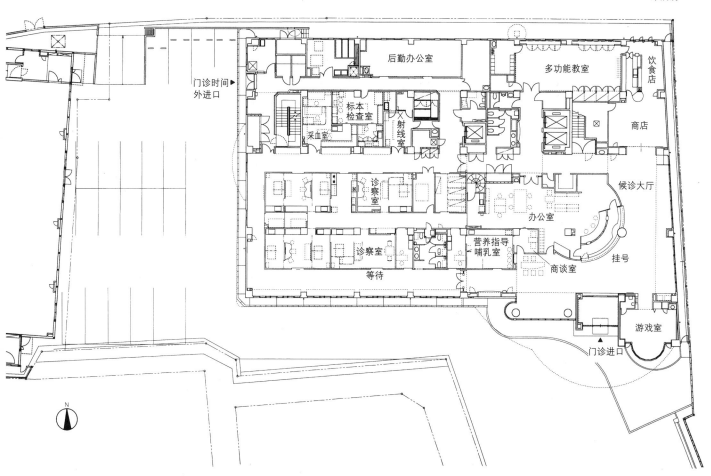

1层平面图 1/400

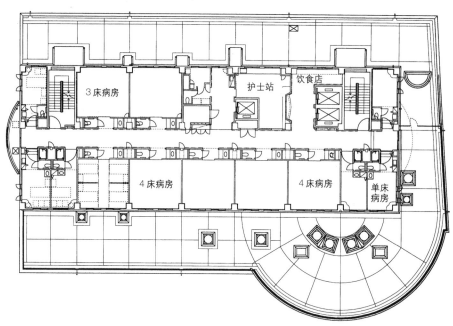

3层平面图

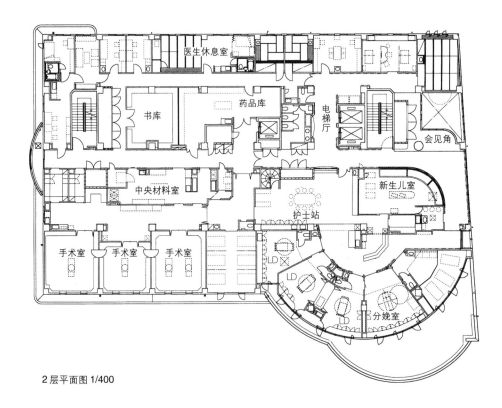

2层平面图 1/400

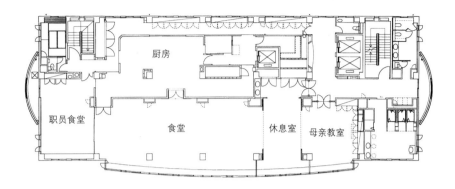

6层平面图

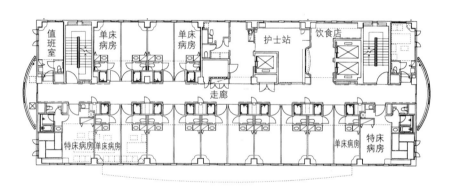

5层平面图

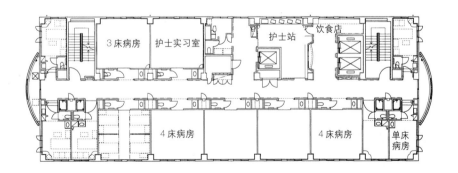

4层平面图

3. 今村医院

都市型中等规模民营医院的标准例子

在建筑物中，设置贯穿全部楼层的圆形大厅共同空间，令人在视觉上对医院产生整体感。将门诊部以大厅共同空间为中心，配置在1层和2层，从而构成容易了解的平面计划。作为中等规模的民营医院，是标准的叠层型计划的例子。

将病房作为生活场所对待，在装饰上力求患者的内心认同。

概　况

所　在　地　鹿儿岛县鹿儿岛市
建 设 单 位　财团法人慈爱会
设 计 监 理　清水建设一级建筑士事务所
施　　　工　清水建设九州支店
结　　　构　SRC结构
层　　　数　地上8层、地下1层
病　床　数　153张
计 划 指 标　64.9m²/床
占 地 面 积　2486m²
建 筑 面 积　1410m²
总建筑面积　9938m²
竣　　　工　1994年5月

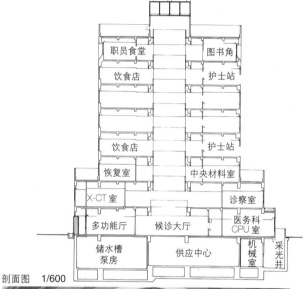

剖面图　1/600

东南面外观

圆形大厅共同空间

1层门厅

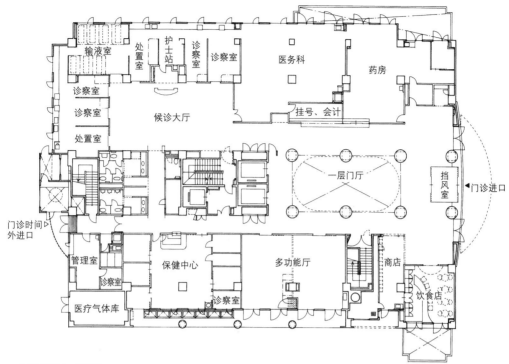

1层平面图　1/400

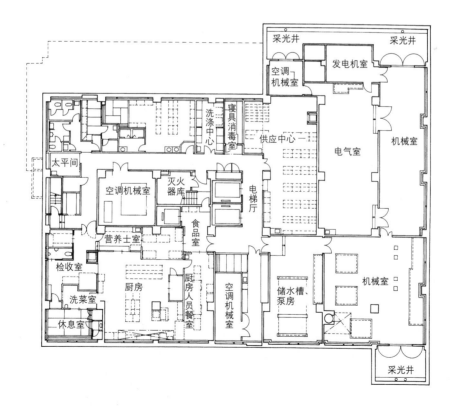

地下1层平面图

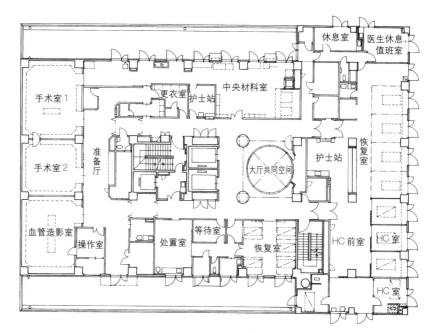

3层平面图

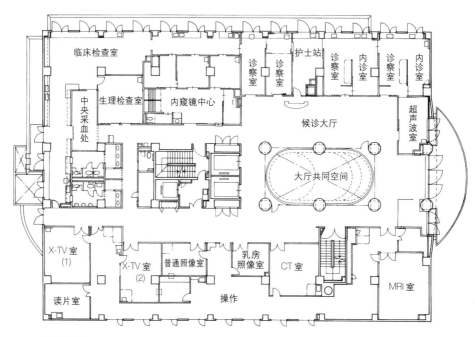

2层平面图

门诊大厅共同空间

门诊候诊大厅

第7章 设计例子

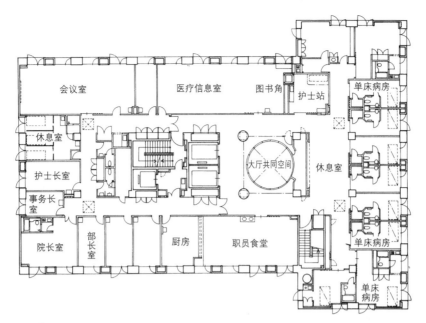

8层平面图

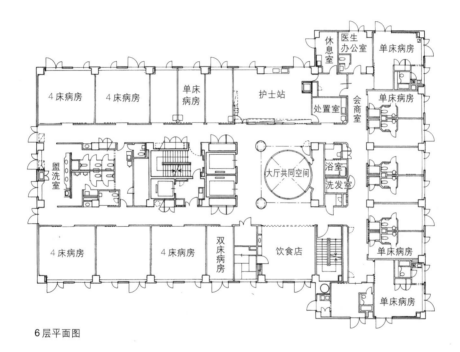

6层平面图

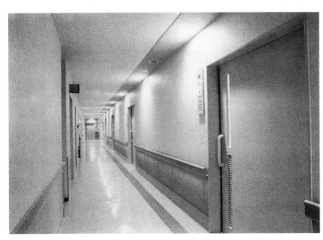

走廊

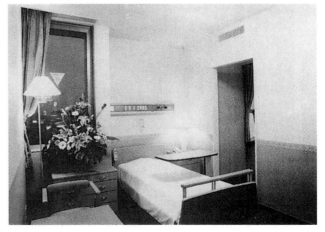

单床病房

4. 热川温泉医院

追求室内装饰的休养医院

该医院建在休养地伊豆东海岸，以疗养型病床群为主，是一座利用温泉进行康复的"休养地康复医院"。

在迎接来自远方的疗养患者的一楼大厅，栽种植物，布置流水，装饰绘画，消除医院气味，创造出温暖的休养地的气氛。

在病房楼层的中间设置采光井，种植花草，营造明快、令人心绪好的病区。将9层的大浴室设计为利用温泉的展望浴池，并且设置露天浴池。

概　况

所 在 地	静冈县贺茂郡东伊豆町
建设单位	医疗法人社团研健育会
设计监理	KAJIMA DESIGN
	卡拉阔地奈伊托、FFE　IC瓦库斯
施　　工	鹿岛、河津JV
结　　构	RC结构
层　　数	地上9层　地下1层　顶屋1层
病床数	181张
计划指标	52.3m²/床
占地面积	4019m²
建筑面积	1193m²
总建筑面积	9482m²
竣　　工	1996年11月

剖面图

临海外观（南面）

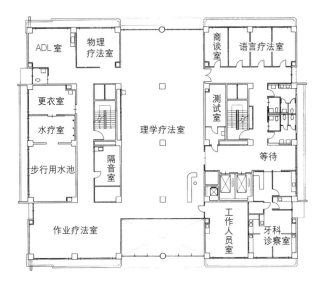

2层平面图

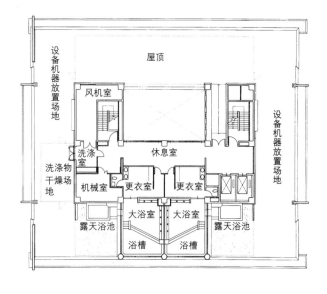

9层平面图

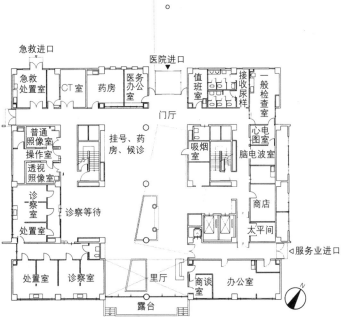

1层平面图　1/500

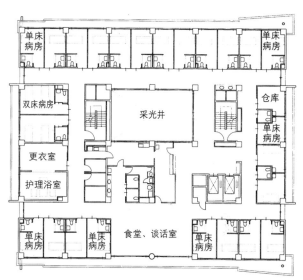

7层平面图

住院、出院手续办理厅

医院楼内中院

5. 尼崎中央医院

应对老龄化，建立在市街区的护理，综合医院

在该建筑物中有医院(普通病房、疗养型病床群)、老人保健设施、健诊中心和护理援助中心等，具有综合预防、治疗、护理各医疗阶段的特色。

预防医疗是对疾病早发现、早治疗，防病于未然，减轻负担。随着老龄化社会的到来，长期住院患者显著地增加，住院、治疗后还需康复、护理；而且家庭护理也需要援助。该医院具备的设施能够适应上述的社会需求。

概况

所 在 地　兵库县尼崎市
建 设 单 位　医疗法人中央会尼崎医院
设 计 监 理　竹中工务店
施　　　工　竹中工务店
结　　　构　S结构，一部分SRC结构
层　　　数　地上11层，地下1层，顶屋2层
病 床 数　医院200张，老人保健设施86张
计 划 指 标　46.3m²/床
占 地 面 积　3280.22m²
建 筑 面 积　1115.12m²
总建筑面积　13265.47m²
竣　　　工　1997年7月

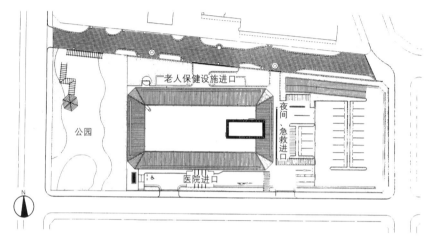

配置图　1/1200

南面外观

门厅

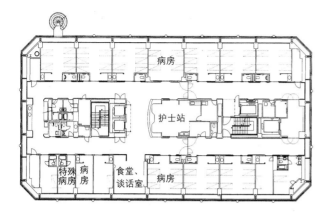

医院基准层(5层)平面图

老人保健设施11层平面图

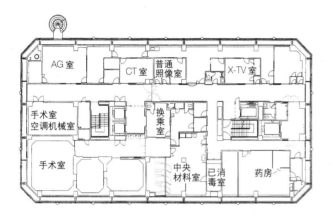

3层平面图

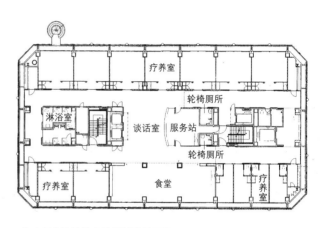

老人保健设施基准层(10层)平面图

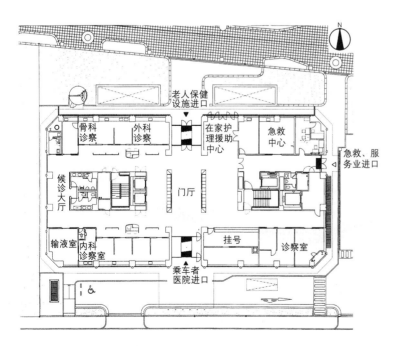

1层平面图　1/600

11F	老人保健设施 白天护理、康复 展望浴池、理发美容室
10F	老人保健设施(疗养室43张床)
9F	老人保健设施(疗养室43张床)
8F	疗养型病床(病房　50张床)
7F	普通病房(病房　50张床)
6F	普通病房(病房　50张床)
5F	普通病房(病房　50张床)
4F	检诊中心(体检部门) 家访护士站 管理部门
3F	X射线检查部门 手术、中央材料部门 药房
2F	门诊诊疗部门 检查部门 康复部门
1F	综合挂号、门诊诊疗部门 防灾中心　急救中心 尼崎市在家护理援助中心
B1F	护理员站 MRI、中央仓库、机械室 供餐设施、办公室

□ 部分为老人保健设施

各层构成图

6. 阿品土谷医院

引进节能设计的医院

在有平缓斜坡的占地上，设计两幢将中院夹在当中的建筑物。进入玄关，从候诊大厅即给人以中院广阔、"不像医院"的印象。

在该医院，在使患者的生活环境舒适化的同时，以新的技术进行支持，如使用主体蓄热、电热同时供应、地面制冷采暖等节能方法；在物流管理、运送设备方面也实现了周密的计划。

概　况

所 在 地　广岛县廿日市市
建设单位　医疗法人茜草会　土谷太郎
设计监理　木曾三岳奥村设计所　野泽正光建筑工房
施　　工　建筑：藤田工业广岛支店
结　　构　RC结构，一部分S结构
层　　数　地上3层　地下1层
病 床 数　219张
计划指标　48.2m²/床
占地面积　13411m²
建筑面积　3987m²
总建筑面积　10568m²
竣　　工　1987年8月

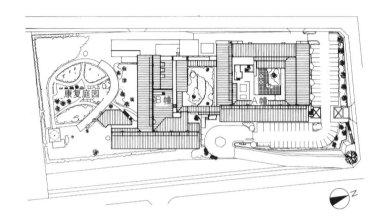

配置图　1/2000

门厅侧外观　　　　　　　　　　　　　　　　摄影　Tsuneo Sato

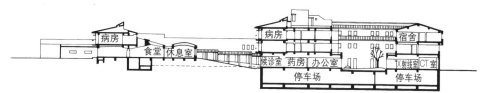

剖面图 1/1000

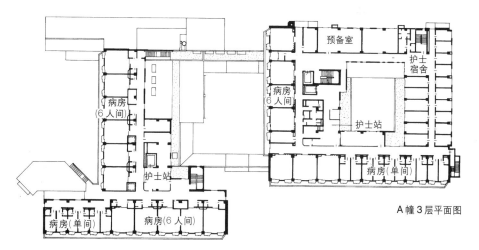

A幢3层平面图

B幢2层平面图

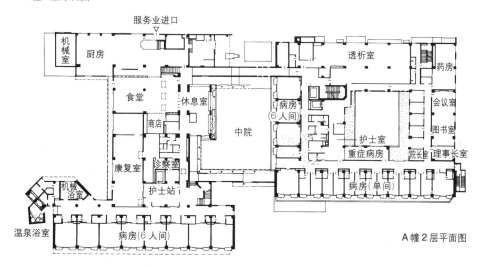

A幢2层平面图

B幢1层平面图

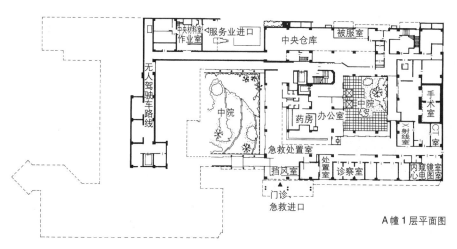

A幢1层平面图

B幢地下1层平面图 1/1000

7. 稻城市立医院

兼顾空间的有效利用和舒适性的避震医院

该医院由于采用避震结构,在震灾发生时也能保障医疗功能,不但能继续进行住院诊疗,而且也能确实地进行受灾人员的救护诊疗。

为了对多床病房产生单床病房的感觉,想方设法使每张病床都面对窗户。在平面图上,两个三角形将电梯间夹在当中组成X形。

概　况

所 在 地　东京都稻城市
建设单位　稻城市
设计监理　共同建设设计事务所
施　　工　鹿岛建设
结　　构　避震结构,RC结构,一部分S结构
层　　数　地上6层　地下1层
病 床 数　290张
计划指标　63.8m²/床
占地面积　20410m²
建筑面积　4480m²
总建筑面积　18519m²
竣　　工　1998年3月

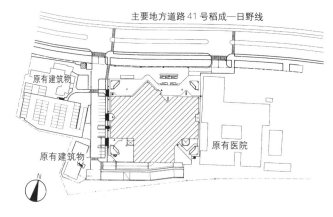

配置图　1/3000

门厅侧外观

摄影　三轮晃士

第7章 设计例子

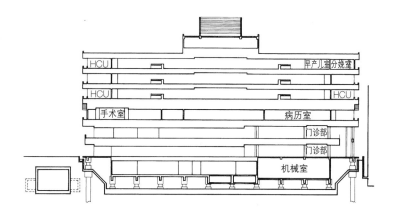

剖面图 1/1000

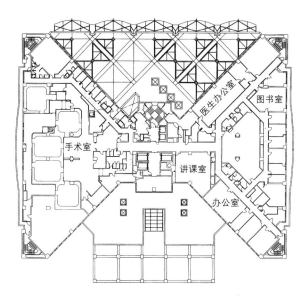

3层平面图

西病区(外科、泌尿科49张床)　东病区(骨科、耳鼻喉科、脑神经外科48张床)

基准层平面

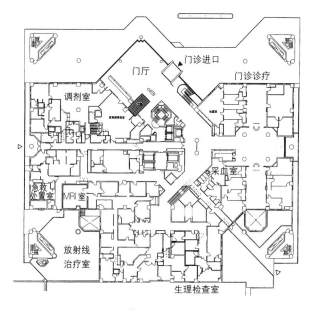

1层平面图　1/1000

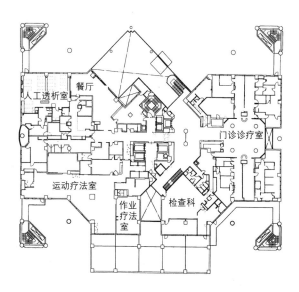

2层平面图

8. 神奈川县警友会京邑医院

眺望大海的休养型医院

为了建造一个与国际新都市规划中的MM21地区相称、展望21世纪的综合医院，设定了"舒适性"、"亲和性"和"国际性"3个主题。为了实现这3个主题，将"医院休养地"作为设计上的形象语言而加以选择，推进了计划。

具体的做法是在医院内的主要空间创造出位于海边的休闲饭店的气氛和欢乐的程度，在医疗环境和路线选择系统的概念的基础上设计空间构成、材料的选择、色彩调合和标志等。以融合洋溢着休养地感觉的空间为目标设计空间、装置和人的活动路线。

概　况

所 在 地	神奈川县横浜市西区
建设单位	财团法人神奈川县警友会
设　　计	伊藤喜三郎建筑研究所
监　　理	京邑医院建设准备室＋伊藤喜三郎建筑研究所
施　　工	建筑：大林、户田、东急、山岸、松尾JV
结　　构	SRC结构，一部分S结构
层　　数	地上13层　地下3层
病 床 数	351张
计划指标	101.1m²/床
占地面积	8000m²
建筑面积	4396m²
总建筑面积	35500m²
竣　　工	1995年8月

主要进口

摄影　三轮写真事务所

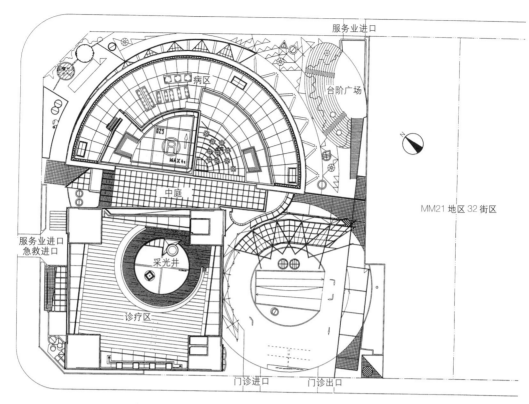

配置图 1/1000

以"月亮"为主题的1/4圆形的中庭

以"太阳"为主题的直线形中庭和
以"星"为主题的1/4圆形的中庭

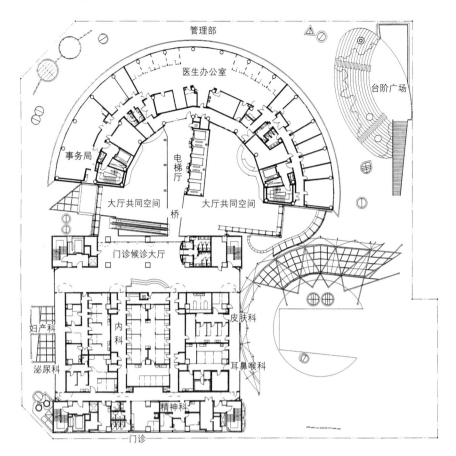

2层平面图

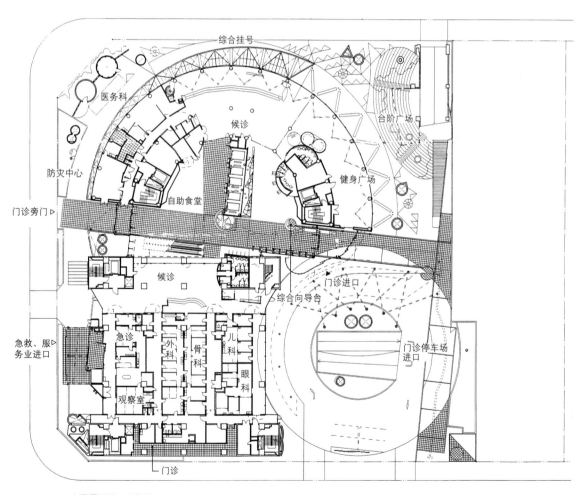

1层平面图　1/800

第7章 设 计 例 子　123

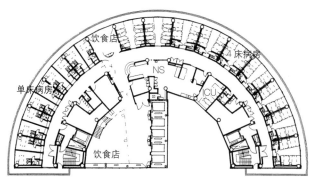

10层平面图　1/800

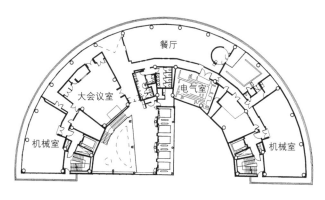

13层平面图

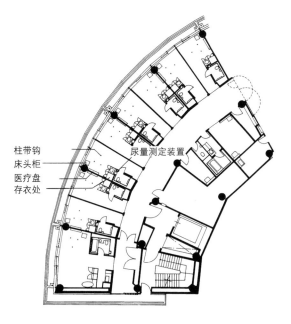

单床病房平面图　1/400

特殊病房

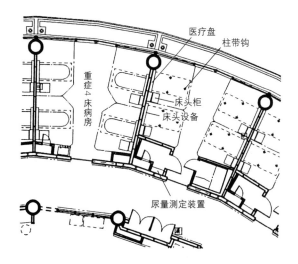

4床病房平面图　1/200

特殊病房　　　　　　　　　　　　　摄影　三轮写真事务所

9. 市立岸和田市民医院

病区形态有特点的医院

三角形的病区力求缩短患者的流动线和护理流动线,这是一个效率好的平面计划。将组成两个三角形的两个护理单位的形状设计成平行四边形,构成了给人以深刻印象的外观。

在低层部分,将有顶部采光、大厅共同空间的候诊大厅夹在门诊部和检查部之间,是容易明了的平面计划。而且也是充分地考虑到将来扩建的计划。

概　况

所 在 地	大阪府岸和田市
建设单位	岸和田市
设计监理	市立岸和田市民医院改建室十山下设计
基本计划	名古屋大学柳泽研究室
施　　工	建筑:大林、南海辰村、才门、岩出、立巴JV
结　　构	SRC结构,RC结构
层　　数	地上6层　地下1层
病 床 数	360张
计划指标	75.0m²/床
占地面积	20861m²
建筑面积	6215m²
总建筑面积	27025m²
竣　　工	1995年11月

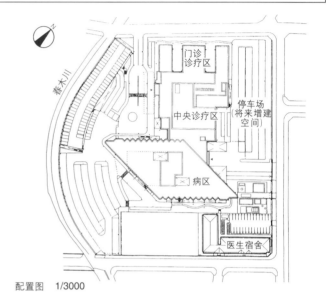

配置图　1/3000

东面外观

摄影　加藤嘉六

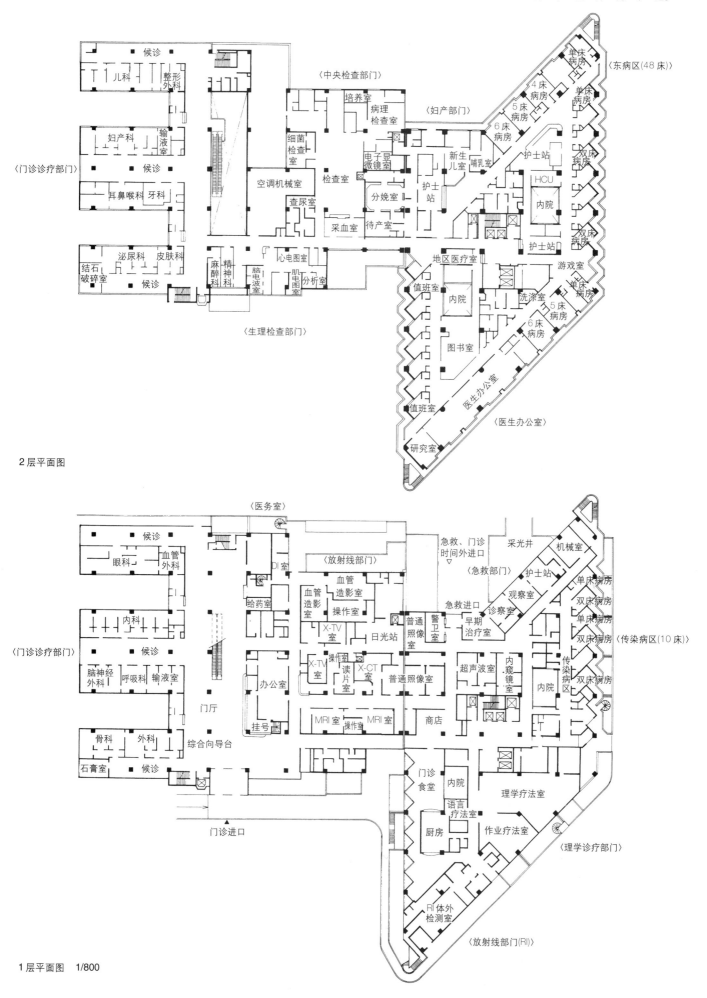

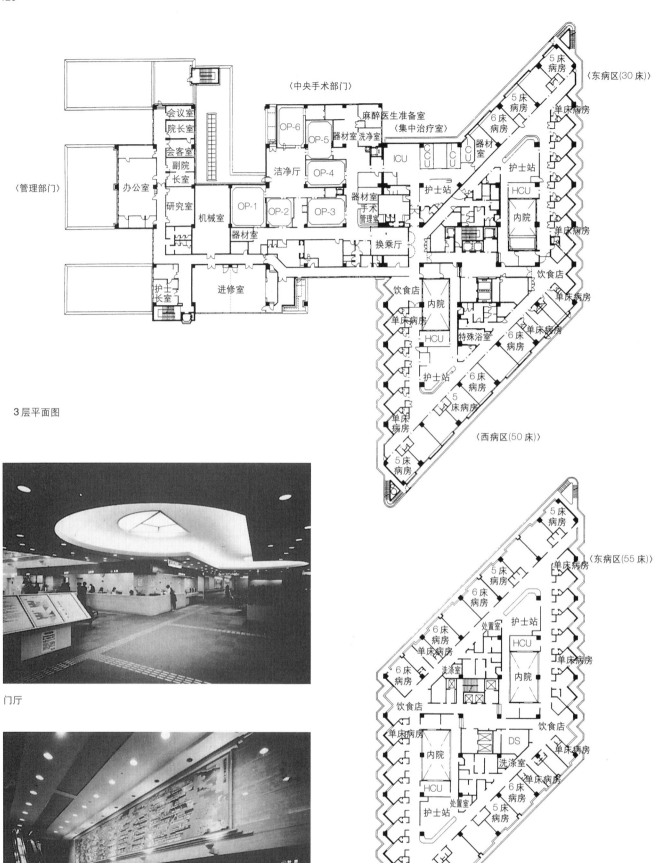

3层平面图

门厅

中央候诊大厅

5层平面图　1/800

第 7 章 设 计 例 子　127

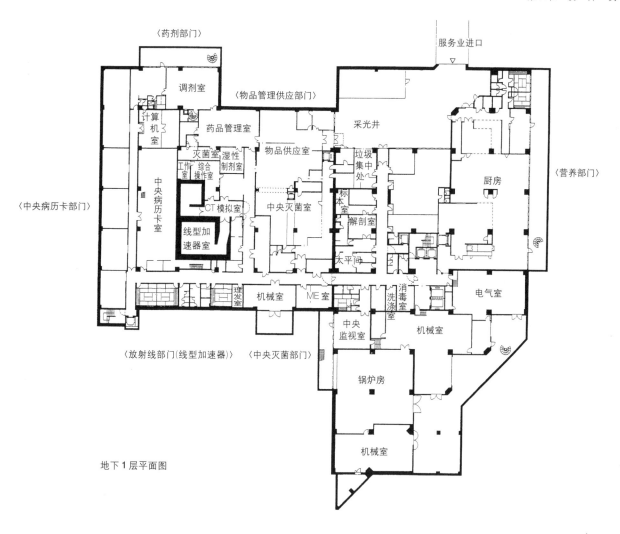

地下 1 层平面图

病区护士站

10. 顺天堂医院1号楼

将功能集中在有限占地上的都市型大学附属医院

> 这是一个位于东京都茶之水的高功能的大学附属医院的改建例子。
>
> 该医院的门诊诊疗功能分散在被道路隔开的3个地区，600张床的病区则集中在功能齐全而紧凑的高层建筑内。高层建筑中，门诊、VIP用医疗部门将4层大厅共同空间的中庭包围在当中；在确保大学附属医院的充足的性能的同时，又创造了舒适度高的诊疗空间。

概　要

所 在 地	东京都文京区
建 设 单 位	学校法人顺天堂
总 体 设 计	建筑计划综合研究所＋伊藤诚
设 计 监 理	清水建设一级建筑士事务所
施　　　工	清水建设东京支店
结　　　构	RC结构，一部分S结构
层　　　数	地上17层　地下3层
病 床 数	593张
计 划 指 标	96.6m²/床
占 地 面 积	9049m²
建 筑 面 积	4653m²
总建筑面积	53781m²
竣　　　工	1期　1993年5月
	2期　1995年7月

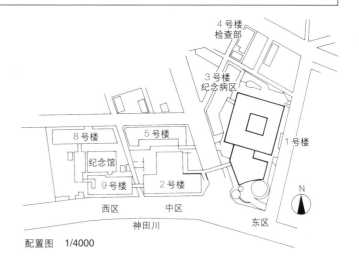

配置图　1/4000

南面外观

3个地区的整体外观

进口周围的绿化

摄影　SS东京

第7章 设计例子

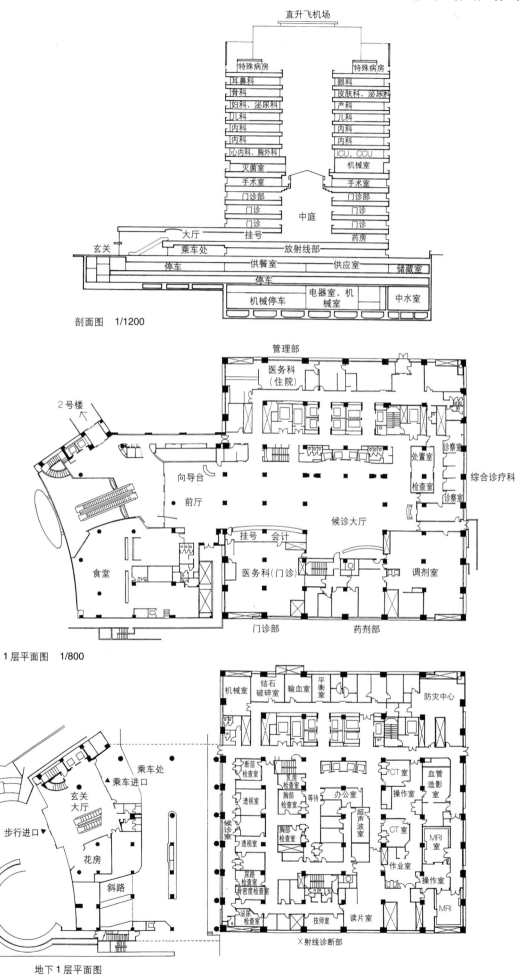

剖面图 1/1200

1层平面图 1/800

地下1层平面图

自动扶梯厅

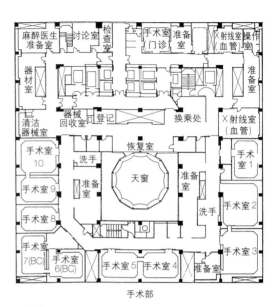

5层平面图

中庭

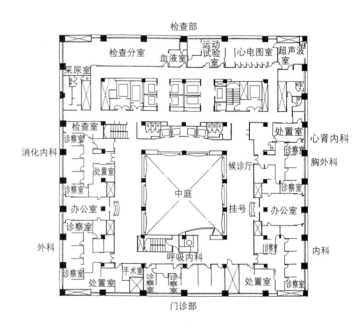

2层平面图　1/800

第7章 设 计 例 子 131

特殊病区走廊

特殊病房

病区走廊

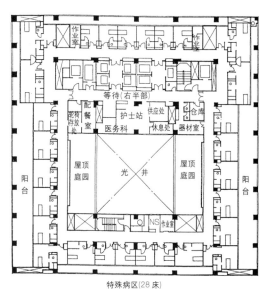

14层平面图

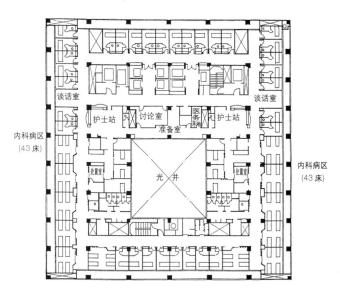

9层平面图

摄影　SS东京

11. 长野县立儿童医院

具有游玩气氛、置于大自然中的儿童医院

被回廊包围的中院用作"儿童游乐场",以其为中心,将各部门的建筑物分散配置;部门内也具有环游性,使其保持空间的连续性。

该医院采用了吸引儿童视觉的设计和色彩计划,设定了各部门的特征,每一个标志都使用了生动的图画和颜色。此外,立于中央的钟楼成为医院和地区的象征。

概　况

所 在 地	长野县南安昙郡丰科町
建设单位	长野县
设计监理	田中建筑事务所
施　　工	建筑:熊谷、松本土建建设JV
结　　构	RC结构
层　　数	地上3层 塔楼5层
病床数	100张
计划指标	115.4m²/床
占地面积	50157m²
建筑面积	7015m²
总建筑面积	11544m²
竣　　工	1993年3月

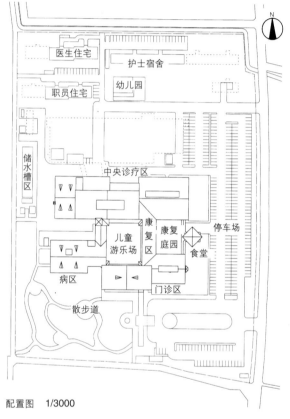

配置图　1/3000

外观远景

第7章 设计例子

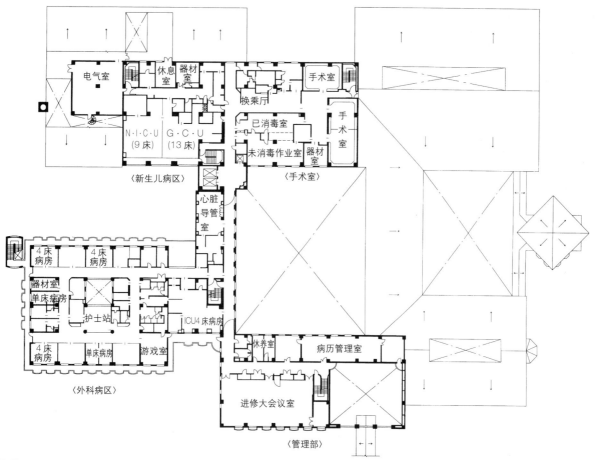

2层平面图

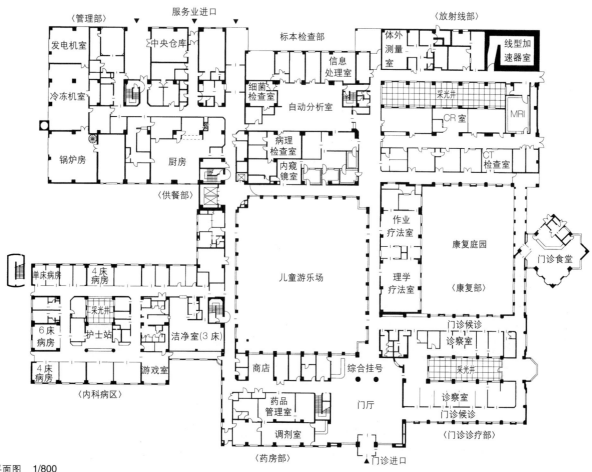

1层平面图 1/800

12. 圣路加国际医院

完全实现单床病房化的大规模医院

在总面积约4万m²的3个街区的计划中，将医院置于当中街区。

为了建造一个令患者感到亲切的医院，在医院内外各处注重绿化、采光，制造了心情舒畅的气氛。病区由附带厕所、淋浴的单床病房构成，这些单床病房被称为单独护理单位。为了提高患者的舒适度，从保护患者的隐私的平面形式到家具、装配件的细部都下了很大功夫。

概况

所 在 地	东京都中央区
建设单位	财团法人圣路加国际医院
设计监理	日建设计
施　　工	建筑：清水建设
结　　构	SRC结构
层　　数	地上11层　地下2层
病 床 数	520张
计划指标	116.7m²/床
占地面积	13314m²
建筑面积	7576m²
总建筑面积	60729m²
竣　　工	1992年2月

整体布置图　1/5000

东南面外观

摄影　SS东京

第 7 章 设 计 例 子　135

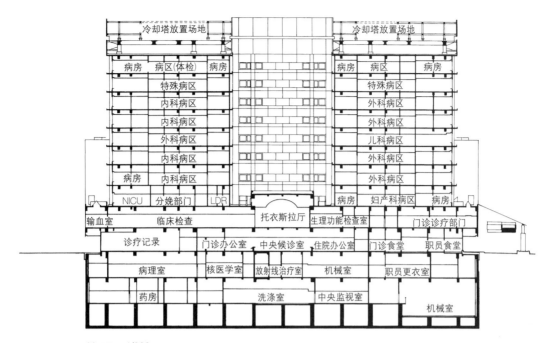

剖面图　1/800

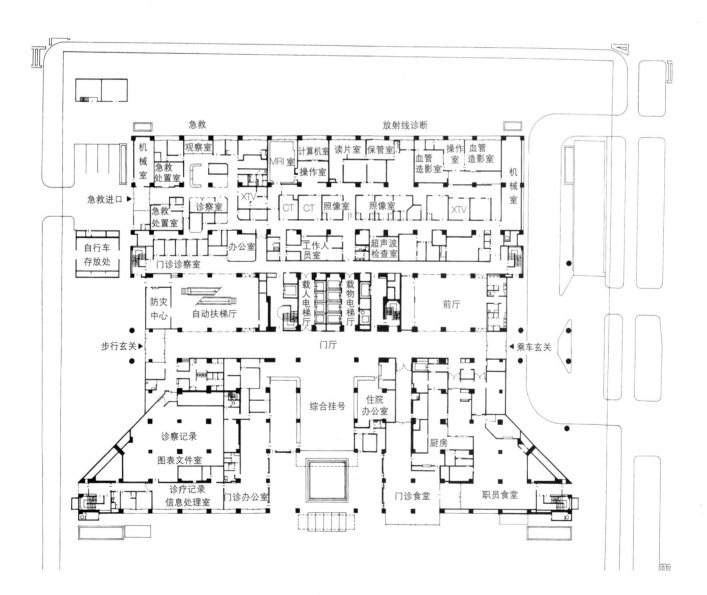

1层平面图　1/800

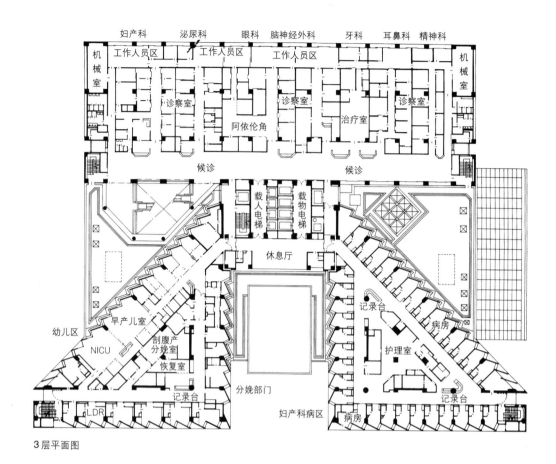

3层平面图

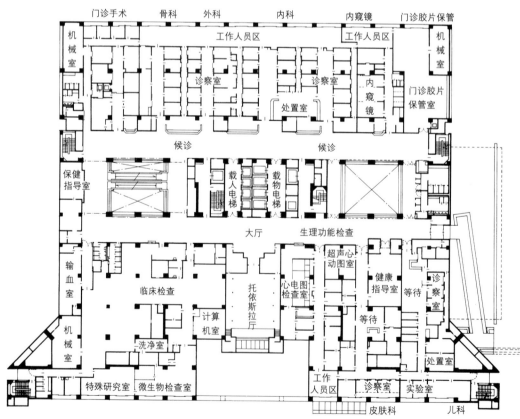

2层平面图　1/800

第 7 章 设 计 例 子

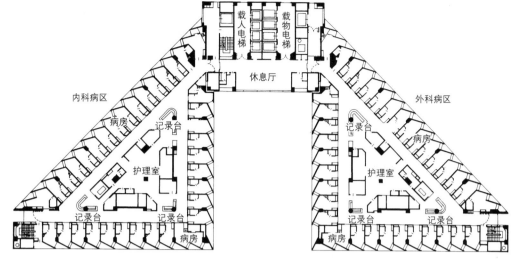

7、8 层平面图

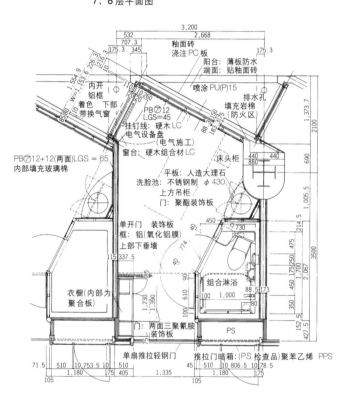

单独护理单位的病房

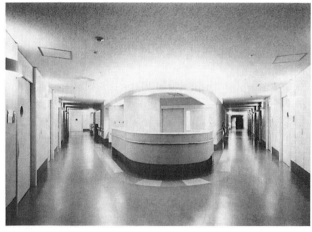

护士站　　　　　　　　　　　　　　摄影　SS 东京

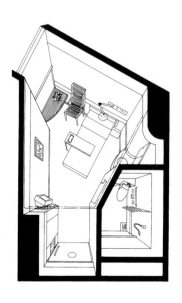

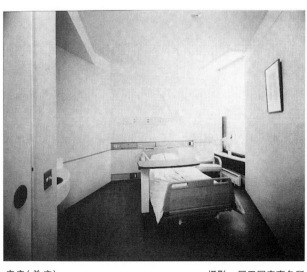

病房（单床）　　　　　　　　　　　摄影　冈田写真事务所

13. 平安厅医院

针对晚期医疗的安慰护理设施——临终关怀医院

这是作为提供安慰护理的专科设施而开设的日本最早的独立型临终关怀医院。同时设有关于临终关怀的研究、进修的场所。

该医院的特征是具有8角形的屋顶,内部设置2层大厅共同空间的中庭,从上方天窗引进的天空光线从哪间病房都能感受到。此外,以亲切感为主题的室内装饰创造出家庭式的温馨环境。

概 况

所 在 地	神奈川县足柄上郡中井町
建设单位	财团法人生活计划中心
设计监理	户田建设
施 工	户田建设
结 构	RC结构
层 数	地上2层,地下1层
病床数	22张
计划指标	140.8m²/床
占地面积	5790m²
建筑面积	1820m²
总建筑面积	3099m²
竣 工	1993年8月

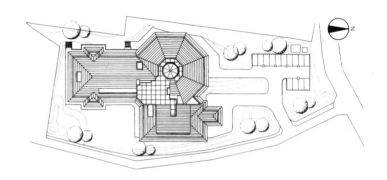

配置图　1/1000

进口外观

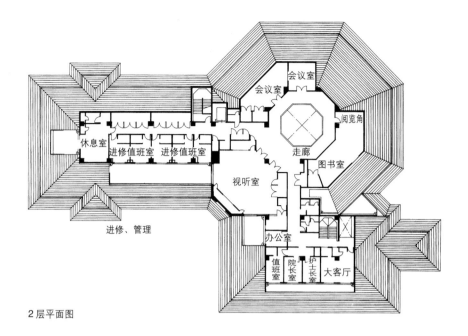

2 层平面图

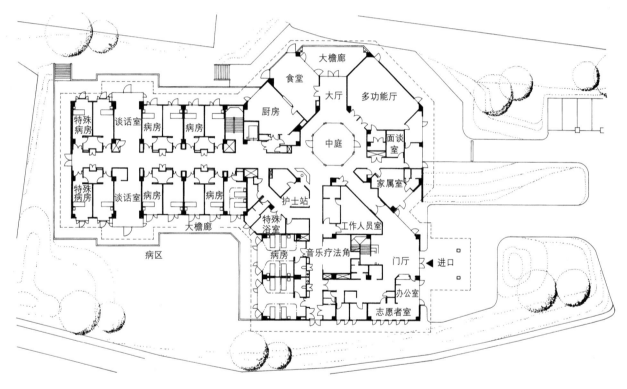

1 层平面图 1/600

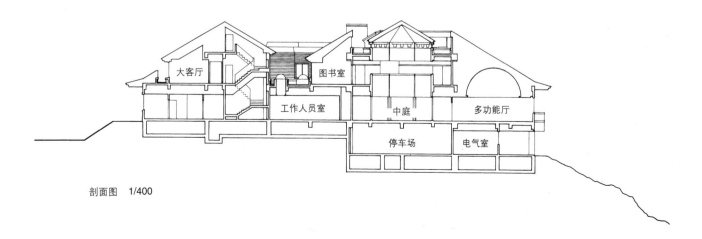

剖面图 1/400

◇执笔委员会◇

[编 辑 主 任]　藤江澄夫　（清水建设董事专务执行委员）

　　　　　　　　谷口汎邦　（武藏工业大学教授　东京工业大学名誉教授）

[编辑副主任]　小松正树　（清水建设提案本部医疗福祉项目室室长）

[执 笔 委 员]　木村敏夫　　　伊藤宗树

　　　　　　　　高吉邦治　　　国分　悟

　　　　　　　　山谷雅史　　　清水昌司

　　　　　　　（以上均属清水建设）

著作权合同登记图字：01-2002-3933号

图书在版编目（CIP）数据

医疗设施/(日)谷口汎邦著；任子明，庞云霞译.—北京：中国建筑工业出版社，2004
（建筑规划·设计译丛）
ISBN 7-112-06406-6

Ⅰ.医… Ⅱ.①谷…②任… Ⅲ.医院－建筑设计
Ⅳ.TU246

中国版本图书馆CIP数据核字(2004)第027476号

责任编辑：白玉美　赵梦梅

IRYO SHISETSU (Kenchiku Keikaku Sekkei Series 16)
Copyright © 1999 by FUJIE Sumio etc.
Chinese translation rights arranged with Ichigaya Publishing Co., Ltd. Tokyo
Through Japan UNI Agency, Inc., Tokyo

本书由日本市谷出版社授权翻译出版

建筑规划·设计译丛
医疗设施
〔日〕谷口汎邦　著
任子明　庞云霞　译
*
中国建筑工业出版社出版、发行(北京西郊百万庄)
新　华　书　店　经　销
北京海通创为图文设计有限公司制作
北京建筑工业印刷厂印刷
*
开本：880×1230毫米　1/16　印张：9¾　字数：450千字
2004年9月第一版　2004年9月第一次印刷
定价：**31.00元**
ISBN 7-112-06406-6
TU·5655 (12420)

版权所有　翻印必究
如有印装质量问题，可寄本社退换
(邮政编码100037)
本社网址：http://www.china-abp.com.cn
网上书店：http://www.china-building.com.cn